# 바다의 세계 5

「바다의 이야기」편집그룹  엮음

李光雨·孫永壽·金容億·金永熙  옮김

電波科學社

『역자의 말』

　바다는 「인류의 마지막 개발영역(the last frontier)」
으로서 전세계의 각광을 받고 있으며, 최근에는 우리 나라에서
도 바다에 대한 관심이 부쩍 높아지고 있다. 이것은 삼면이 바
다이고 육지자원이 극히 적은 우리로서는 바다가 갖고 있는 여
러 가지 풍부한 자원에 큰 기대를 갖기 때문일 것이다.

　이 책은, 해양학 분야에서 크게 발전한 가까운 일본에서, 해
양학의 각 분야를 망라하여, 유명한 해양학자 20여 명이 바다
에 얽힌 가장 새로운 이야기들을 모아 편집한 다섯 권으로 된
『바다의 이야기』를 번역한 것이다. 고교생이나 일반인들 뿐만아
니라 대학생 및 해양학자들에게도 신비한 바다의 세계를 재미
있게 펼쳐주는 좋은 벗이 되리라 믿는다.

　번역에 있어서 어려웠던 점은, 우리의 전문용어가 아직도 부
족하고 또 드물게 나오는 생물의 이름에는 아직 우리말로 되어
있지 않은 것이 많아서 고충이 컸다. 혹시 잘못된 점이 있다면
앞으로 바로잡아 나가기로 하고, 여러분의 기탄없는 지적과 아
낌없는 가르침을 바란다.

　이 책을 역간하는 데 있어서는, 과학지식의 보급·출판에 외
곬 평생을 바쳐오신 「전파과학사」의 손 영수 사장이 공동 번
역자로 참가하여 함께 번역도 해 주셨고, 어려운 여건에도 불
구하고 이렇게 출판을 보게 되니 무엇보다 감사하다. 「전파과
학사」가 한국 과학계에 미치는 공헌은 이것으로 더욱 더 빛나
리라 생각한다.

　모두 다섯 권으로 구성되는 이 책이, 신비한 바다의 세계를
여러분에게 펼쳐주고, 여러분이 정확한 과학적 지식 위에서 바
다를 이해하고 해양에 도전하는 밑거름이 될 수 있다면 더 없
는 기쁨으로 생각한다.

1988년 봄

역자 대표　　이　광우

## 머 리 말

해수가 충만한 바다, 이런 바다를 가지고 있는 것은 태양계의 행성 중에서도 지구뿐이다. 지구 표면의 약 3분의 2는 바다로 덮여 있고, 이것이 지구를 특색적인 것으로 만들고 있다. 지구 위에 사는 우리 인간은 바다와 깊은 관계를 가졌다고 배워왔다. 이를테면 지구 위의 생명은 바다에서 싹이 텄다고 하고, 지구 위의 생물의 혈액은 성분상으로 해수와 닮았다고 하며, 환자의 점적(點滴)으로 사용되는 링게르액은 생리적 식염수라고 불린다. 심지어는 태평양전쟁 때, 일본 국내에서 기름이 바닥나자, 어떤 맹랑한 사람이 해수에다 물감을 섞어, 기름이라 속여 팔아 한탕을 쳤다는 기막힌 얘기도 있다.

어떻든, 이와 같이 바다와 우리와의 관계는 여러 가지 의미에서 관계가 깊다. 그러나 우리는 과연 바다에 관한 일을 잘 알고 있을까? 대답은 부정적이다. 왜냐하면 우리 인간은 뭍에서 생활을 영위하며, 바다에 대해서는 그것의 극히 작은 일부분, 윗면만 바라보고 있을 뿐이기 때문이다. 바닷속에는 뭍에서는 상상조차도 못할 세계가 있다. 뜻밖의 희한한 일도 많고, 재미있는 일도 많다.

바다의 연구에만 전념하고 있는 과학자들에게, 꼭꼭 챙겨 두었던 재미있고 유익한 얘기를 써 주십사고 부탁하여 엮은 것이 이 책이다. 고교생이나 일반인들도 이해할 수 있도록 쉽게 설명하기로 했다. 한 가지 항목을 10분쯤이면 읽을 수 있게 짤막짤막하게 배려했다. 그러나 그 내용만은 해양국 일본의 제일선 과학자들이 온갖 정성을 다하여 진지하게 쓴 읽을거리이다. 즐기면서 바다의 실태를 알아 주었으면 한다.

SF의 효시의 하나로 꼽히는 베르느(J. Verne)의 『해저 2만리그』(1리그(league) = 약 3마일)라는 것이 있다. 이 책이 씌어

졌던 19세기의 바다의 세계는 바로 낭만의 세계였다. 마치 별
나라의 세계처럼——. 이것은 지금에 있어서도 변함이 없다.
그러나 낭만의 추구뿐만 아니라, 우리의 생존과 생활에 현실적
으로 깊은 관계를 맺고 있는 바다를 우리는 좀더 잘 알아야 할
필요가 있다. 이 책은 이런 면에서도 큰 도움이 될 것이라 믿
는다.

# —— 차　례 ——

# 1. 바다와 함께 사는 일본인

❖ 물고기와 일본인

일본인들은 예로부터 바다와 특히 친숙한 민족이다. 현재도 생선이나 바다말같은 해산물을 즐겨 먹고 있지만 일본인이 생선에 대해서 강한 관심을 갖고 있었다는 것은 생선에 대한 많은 한문자를 만들어 쓰고 있다는 사실을 보아도 알 수 있다. 도미를 鯛, 붕어를 鮒, 송어를 鱒로 쓰는 것은 다른 한자와 마찬가지로 중국에서 건너왔지만, 그 밖에도 정어리를 鰯, 대구를 鱈, 메기를 鯰로 어림잡아 20개 이상의 고기어(魚)자를 변으로 갖는 한자를 만들어 쓰고 있다. 이처럼 일본에서 만든 한자를 일본인들은 국자(國字)라고 부르는데, 그 중에서 고기어자가 변이 되는 주된 글자는 그림 1과 같다.

이와 같이 일본인은 식량으로서의 생선에 강한 관심을 나타냈지만 말과 소같은 가축에는 그다지 관심을 보이지 않았다. 따라서 가축에 대한 일본어는 중국어나 구미어에 비해서 약간 엉성한 표현뿐이다. 이처럼 바다는 일본인의 전통적인 생활이나 의식 속에 깊이 뿌리를 내리고 있다는 것을 누구나 인정할 수 있을 것이다.

그러나 현대의 생활에서도 바다가 많은 영향을 끼치고 있다고 말하면 의외로 생각하는 사람이 적지 않을 것이다. 그것은 이미 많은 사람들이 도시생활을 하고 있으며, 그 중에는 맨션이나 에어컨이 있는 사무실에서 일을 하고 있는 사람이 많기 때문이다. 물론 여름철에는 휴가로 해수욕을 즐기기도 하지만

| 통발 | 메기 | 전어 | 천징어 | 큰숭어 |
|---|---|---|---|---|
| 魥 | 鯆 | 鰺 | 鮟 | 鮠 |
| 가리맛 | 모시조개 | 황어 | 청어알 | 바다메기 |
| 魜 | 鮉 | 鰔 | 鰧 | 鯒 |
| 숭어새끼 | 물호랑이 | 미꾸라지 | 메기 | 정어리 |
| 鯶 | 鯱 | 鯲 | 鯰 | 鰯 |
| 은어 | 청진어 | 대구 | 공미리 | 보리멸 |
| 鰰 | 鱇 | 鱈 | 鱛 | 鱚 |

그림1  고기어자가 변인 주된 글자

휴가가 끝나면 다시 바다를 잊어버리는 생활을 하는 사람이 많아졌기 때문이다. 하지만 우리는 아직도 바다와는 깊은 관계를 갖고 있다.

### ❖ 바다와 호쿠리쿠지방의 눈

일본의 호쿠리쿠(北陸)지방은 해마다 겨울이 되면 몇 미터나 되는 눈이 내린다는 것이 잘 알려져 있다. 해마다 3~4개월 이상을 흐린 하늘 밑에서 하얀 눈에 갇혀 생활하는 사람들의 고생은 경험해 보지 않고는 결코 알 수 없을 것이다.

이 호쿠리쿠지방의 많은 강설량은 세계적으로도 예가 드물다. 그 원인은 바로 일본이 바다로 둘러싸여 있기 때문이다. 세계적으로 강우량(강설량도 녹여서 비로 환산)이 많은 곳을 알아보면 거의가 섬, 또는 적도 주변의 열대지역이다. 특히 일본은 구로시오와 쓰시마해류라고 하는 2개의 난류에 둘러싸여

있으므로, 이 해역으로부터 많은 수증기가 증발하여 한층 강
우량이 많아진다. 설사 강우량이 많더라도 기온이 높으면 눈이
내리지 않지만, 겨울에 월간 평균기온이 2~3도 이하이고 더
구나 앞의 조건에 해당하는 곳을 세계적으로 살펴보아도, 그런
곳이 많지 않다. 호쿠리쿠지방 이외로는 북미대륙 북부의 동서
양쪽 해안 일부와 노르웨이의 서해안 정도뿐으로, 그곳의 겨울
철 강우량도 일본의 호쿠리쿠지방보다는 상당히 적은 것 같다.

일본의 호설지대의 또 하나의 특징은 강설지역이 동해쪽에 극
단으로 치우쳐 있다는 점이다. 동해쪽에는 매우 많은 눈이 내
리는 데도 거리적으로는 불과 300~400 km 밖에 떨어져 있지
않은 태평양쪽에는 거의 눈이 내리지 않는다. 이것은 겨울의
북서 계절풍에 의해서 쓰시마해류의 수증기가 동해쪽으로 몰리
며, 중앙의 배량(脊梁)산맥에 부딪치는 사이에 거의가 눈으로
변해 버리고, 태평양쪽까지는 수분이 오지 않기 때문이라고 설
명되고 있다. 이같은 이유로 호쿠리쿠지방에 많은 눈이 내리
는 것은 일본이 바다로 둘러싸여 있는 것과 매우 깊은 관계가
있다.

### ❖ 공업발전을 떠받혀 준 바다

그렇다면 다른 예를 한 가지 살펴보자. 일본은 세계에서도
유수한 수출국으로 일컬어지고 있으며, 일본의 임해 공업지대
에서 만들어진 자동차, 철강, 선박 등은 세계 각국으로 수출되
어 외화를 벌어 들이고 있다. 일본은 수출경쟁력이 세다고 하여
국제적인 무역마찰까지 일으키고 있다. 그 이유로는 첫째로 일
본인이 근면하다는 점을 들어야 하겠지만, 일본이 바다에 둘
러싸여 있다는 점도 결코 잊어서는 아니될 것이다.

그림 2 의 일본지도를 살펴보자. 대부분의 공업지대가 거의 해
안지대에 분포해 있다. 일부는 스와호(諏訪湖) 주변과 같은 산

**그림 2** 일본의 주요 공업지대

악지대에도 있지만, 이런 지대는 소규모이고 소수이다. 이처럼 공업지대가 바닷가에 있는 이유로는, 첫째 해안지대에 대도시가 많고 노동력이 풍부한 것도 사실이지만 또 하나 잊어서는 안될 것은 수송이 편리하다는 점이다. 일본 국내의 수송체계를 살펴보면 반 이상이 선박에 의한 것이다. 나머지 절반 이하를 트럭이나, 철도 또는 항공기가 분담하고 있는 실정이다.

선박에 의한 수송은 코스트가 싸고 대형 화물을 쉽게 운반한다는 잇점 외에도 수출할 국가의 항구까지 중간에서 짐을 옮겨 싣지 않고 그대로 보낼 수가 있다. 이것은 수입의 경우에도 마찬가지이다. 역사적으로 바다는 사람들의 교류를 단절하는 역할을 하여 왔지만, 이 경우는 전혀 반대의 역할을 바다가 하고 있는 것이다. 현대의 바다는 세계로 향해서 트여진 교통로이며 일본의 임해 공업지대는 세계의 모든 임해국과 직접 바다로 연결되어 있다.

## ❖ 지형은 용병을 돕느니라

손자병법의 "지형"편에 "夫地形者兵之助也"라는 말이 있는
데, 이것은 싸움에 이기기 위해서는 지형의 잇점을 살려야 .한
다는 뜻이다. 지금까지의 일본인은 지형의 잇점을 최대한 이용
해 왔는데, 장래의 생활에서는 바다와의 직접적인 관계가 줄어
들지 모른다. 그러나 그렇다고 하여 일본인의 생활이 바다로부
터 본질적으로 멀어지는 일은 있을 수 없을 것이다. 따라서 우
리는 한편으로는 바다를 이용하며 거기서부터 이득을 얻을 뿐
아니라, 다른 한편으로는 어느 것과도 바꿀 수 없는 바다를 소
중히 할 필요가 있다고 생각한다. 어쨌든 바다를 오염하는 절
반은 유조선 등 선박에 의한 것이기 때문이다.

# 2. 일본의 미각문화와 바다

## ❖ 바다의 노래

만엽집(萬葉集 : 일본의 옛 가사를 모은 책)은 지금으로부터 약 1,200년 전의 일본의 아스카(飛鳥)・나라(奈良)시대에 편찬된 대표적인 가사집인데 이 속에는 바다를 주제로 한 단가(短歌)가 많이 수록되어 있다. 아마도 숫적으로는 산이나 강 등 자연을 주제로 한 것과 비교하더라도 꽤나 많을 것이다. 이들 노래를 읽어 보면 매우 사실적인 것이 많아서 지금 당장에라도 바닷바람이 불어 오는 것 같은 느낌이 든다. 당시의 일본인에게는 바다가 극히 친숙한 존재였다는 것이 따갑게 느껴진다.

현대의 일본 시가(詩歌)의 하나인 "단가"에서도 바다를 다룬 것은 결코 많지 않다. 설사 다루었다고 하더라도 바다 자체를 주제로 삼고 있는 것은 아니다.

바다와 관련된 노래 가운데는 '동해의 작은 섬'이니 '모래 펄' 등이 등장하고 있지만 여기에 등장하는 '동해의 작은 섬'이나 '모래펄' 등의 제제(題材)는 그 자체가 테마라기 보다는 오히려 작자의 마음의 갈등을 표현하는 무대로서 사용되어 있다.

일본인의 의식 속에서 바다가 차지하는 위치는 오랜 역사 속에서 서서히 축소돼 가는 경향을 보여 왔는데, 명치시대의 근대화와 제 2 차 세계대전 후의 고도 경제성장을 통해서 아주 희박해져 버렸다. 하지만 현대의 맛(미각 : 味覺)의 문화에 관한 한 아직도 바다의 색깔이 매우 짙게 남아 있다.

### ❖ 식생활과 바다

일본인은 아스카(飛鳥)시대의 덴무(天武)왕 시절부터 에도(江戶)시대까지는 불교의 영향으로 거의 네발짐승의 고기는 먹지 않았고 대신 바다에서 풍부히 얻어지는 생선과 조개류를 사용하여 독특한 일본요리를 발달시켜 왔다.

그 결과 일본요리는 짐승고기를 쓰지 않는 세계에서도 독특한 요리체계를 갖게 되었다. 그 특징을 가장 잘 나타내고 있는 것이 가마쿠라(鎌倉)시대에 만들어진 "생선회"인데, 이것은 지금도 서구인이나 중국인은 먹기를 주저하고 있다. 하기야 최근에는 다이어트를 위해서 미국 등에서는 생선회를 먹기 시작했다고 한다.

또 하나 바다와 관련된 일본인의 식생활 특징을 든다면, 일본인은 세계에서도 드물게 바다말(海藻)을 먹는 민족이라는 점일 것이다. 예컨대 김은 홍조(紅藻)의 일종을 건조시킨 것인데, 이것을 일상적으로 식탁에 올려 놓는 것은 일본과 한국, 그리

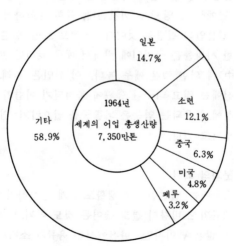

**그림 1**  세계의 어업생산량

고 중국의 연안지방뿐이다. 또 김의 향기를 싫어하는 민족은 적은 듯하다.

이런 이유로 현대의 일본인은 미각에 관한 한 아직도 전통적인 것을 버리지 못하고 있는 것 같다. 아마 미각의 문화라고 하는 것은 그 민족이 형성한 여러 가지 문화 중에서 가장 변화하기 어려운 것 중의 하나일 것이다. 그림 1에서 보인 것과 같이 일본은 세계 총어획량의 1/7에 해당하는 1천만톤 이상의 어획량을 자랑하는 수산국이며, 그 대부분이 국내에서 소비되고 있다. 일본의 인구가 세계의 약 1/40인 것을 고려한다면 일본인의 1인당 어개류 소비량은 세계 평균량의 5배 이상이 되는 셈이다. 또 일본의 어획량은 외국과 비교하더라도 두드러지게 높아서 명실상부한 대수산국이다.

### ❖ 식생활과 건강

이같이 일본인이 단백질의 대부분을 해산물에 의존해 왔다는 것은 여러 면에서 큰 영향을 끼쳤는데, 특히 명확하게 나타나 있는 것은 일본인의 질병일 것이다. 통계로 보면 일본인의 심장병에 의한 사망률은 구미인에 비해서 매우 낮지만 반대로 뇌졸중(腦卒中)에 의한 것은 매우 높다. 이 원인은 콜레스테롤의 함량이 생선에는 적고 더구나 혈관에 축적되기 어렵기 때문이며, 또 생선에 함유되는 염분은 뇌졸중을 일으키기 쉽기 때문이라고 설명되고 있다.

### ❖ 미각문화의 쇠퇴

그러나 최근에는 일본인의 식생활도 크게 변화하기 시작했다. 1인당 어개류의 소비량이 결코 줄어든 것도 아니고 외국에 비하면 아직도 많은 편이지만, 한편에서는 육류의 소비가 두드러진 신장세를 보이고 있다. 실제로 어느 가정에서도 나날의 요

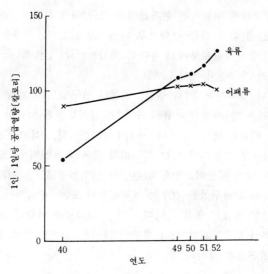

**그림 2**  일본인의 육류 및 어개류의 섭취량 추이

리에 육류를 사용하는 기회가 상당히 많아진 것이 아닐까? 그림 2에서 보듯이 1965～1977년까지의 12년 동안에 일본인의 육류 소비량은 2.5배로 크게 늘어나 있다.

일본인은 특히 에도(江戸)시대까지는 육식이 금기되어 왔기 때문에 그 금기가 제거되자 오히려 육류에 대한 욕구가 구미인 보다 훨씬 강해지는 가능성이 있었는지 모른다. 지금 육류수입에는 관세가 걸려 있는데, 앞으로 관세가 철폐되면 일본인의 육류 소비량은 더욱 증가하여 구미의 식생활 패턴에 가까와질 것이다. 또 이에 따라서 최근에는 일본인의 질병패턴도 구미형에 가까와지고 있다는 보고가 있다.

일본에서의 미각문화는 일본인 개개인을 직접 바다와 연결시키는 파이프의 하나가 되어 있었다. 그러나 위와 같은 사정으로 최근에는 그 연계가 상당히 가늘어졌다. 거대한 정보통신

망과 항공망에 떠받쳐진 현대문명은 모든 면에 걸쳐서 민족색
(民族色)을 묽게 하는 방향으로 나아가고 있으며, 가까운 장래
에 우리의 식생활로부터도 바다의 색깔── 즉 민족색 ── 은
희박해질 가능성이 있다.

그러나 잊어서는 안될 일은, 일본의 인구밀도가 매우 높아
서 그 결과 한 사람이 이용할 수 있는 경작면적은 서유럽 여러
나라와 비교할 때 고작 1/10∼1/4 정도뿐이다. 쇠고기는 본
래의 사료에 포함되어 있는 칼로리의 불과 6.8 % 밖에 포함되
어 있지 않기 때문에, 만일 일본인의 단백질원(源)을 어개류로
부터 육류로 바꾸었을 경우는 경작면적이 크게 부족하여 육류
를 수입할 필요가 생길 것이다. 한번 평화로운 바다가 파괴되
고 외화가 부족해지면 바다 색깔이 없어진 일본인의 식생활은
매우 빈곤해질 것이다.

# 3. 바다의 산물 이것 저것

바다는 생명체가 태어나기 전 수십억년 전에 현재의 모습처럼 되었다고 한다. 생명 자체의 모체가 바다였다고 생각되듯이, 바다는 우리 인간을 포함한 생물에게 유형 무형의 은혜를 베풀어 왔다고 할 수 있다. 여기서는 그 중의 몇 가지를 들어 꿈을 엮어보려 한다. 가능성이 있는 꿈은 우리에게 큰 희망을 안겨 준다.

### ❖ 과거의 바다

아득한 옛날 광합성(光合成)을 하는 녹색식물이 가까스로 출현했을 무렵, 바다 자체는 꽤나 환원상태(還元狀態)에 있었던 것으로 생각된다. 이 무렵 바다에는 철이온과 황이 많이 존재해 있었다는 증거가 있다. 초기의 광합성생물에 의해서 만들어진 산소의 대부분은 해수 속의 이들 철이온이나, 황의 산화에 사용되었고, 그 후 대기 속으로 서서히 축적되어 간 것으로 생각된다. 이 시기에 산화철로서 침전한 철분이 줄무늬 모양의 철광상(鐵鑛床)으로서 바다 속에 남아 있으며, 현재의 인간이 사용하고 있는 대부분의 철은 이 시기에 바다에서 만들어진 것이다.

광합성 활동이 더욱 활발해지자 지표에 산소가 서서히 축적되기 시작했다. 그러나 곰곰히 생각해 보면 광합성으로 만들어진 유기물은 어느 시간이 지나면 산소를 소비하여 이산화탄소와 물로 되돌아가 버린다. 이래서는 대기 속에 산소를 저장할 수

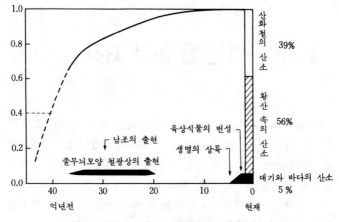

**그림 1** 광합성에 의해서 방출된 산소량의 시간변화
(1.0은 현재까지의 양)과 그 행방

없다. 대기 속에서 산소가 증가하려면 유기물이 분해되지 않고 어딘가에 파묻혀 있어야 한다. 이것을 파묻어 두는 유력한 일꾼이 바다밑에 형성되는 퇴적물이다.

현재의 지구 위에서는 광합성에 의해서 생산되는 유기물의 0.1%가 해양저에 퇴적물로서 파묻혀진다. 이 근소한 유기물의 매몰이 대기 속에 산소를 증가시키는 원동력으로 되어 있다. 바다는 대기 속의 산소를 저장하는 추진력이 된 것이다. 현재 광합성에 의해서 만들어진 산소는 산화철($Fe_2O_3$)로서 39%, 황을 산화하여 황산이온($SO_4^{2-}$)의 형태로 되어 있는 것이 56%이고 나머지 5%만이 대기 속에 남아있다(그림 1).

❖ **20 세기의 바다**

패총(貝塚)에서 밝혀졌듯이 인간에게 바다는 귀중한 식량을 제공하는 장소이었다. 이 사실은 현재도 변함이 없고, 어개류, 바닷말은 인류의 식생활의 일부를 충당하고 있으며 일본은 그

대표적인 국가라고 할 수 있다. 기술의 발달과 더불어 바다는 또 중요한 물자수송, 교통의 장이 되기도 했다. 육상수송에 비하면 바다는 그다지 장애물도 없고 대량의 물품을 염가로 수송할 수 있는 장소이다. 해양국 일본이 대전 후 단기간 사이에 공업력을 강력히 발전시킬 수 있었던 이유의 하나로 바다를 통한 손쉬운 물자수송을 들 수 있을 것이다.

또 바다는 빗물의 공급원이기도 하다. 육상에 내리는 비의 거의 대부분은 바다 표면에서 증발한 수증기가 출발물질로 되어 있다. 중근동 지역에서 바닷물의 담수화(淡水化)가 현실적인 수자원(水資源)확보의 방법으로서 채택되고 있듯이, 수자원문제는 우리 인간에게 절박한 큰 문제 중의 하나로 되어 있다. 태풍, 호우 등은 직접적인 피해가 큰 달갑지 않은 자연현상이지만 수자원, 국토의 청정(淸淨)이라는 입장에서 본다면 대국적으로는 보이지 않는 은혜를 베풀고 있는 것이 사실이다. 옛날의 소금 우려내기로 시작된 바다 속의 여러 가지 물질의 이용은, 유익한 수많은 제품을 인류에게 제공해 주고 있다. 그림2에는 바다에서 얻어지는 여러 가지를 보여 두었다.

### ❖ 미래의 바다

일찌기 탈질소균(脫窒素菌)은 농경상 해로운 작용을 주는 적이었다. 그러나 물의 처리 문제가 커다란 환경문제로 등장했을 때, 탈질소균은 물을 정화하는 주역으로서 무대에 서게 되고 또 이로운 미생물로서도 각광을 받게 되었다. 기술의 개발과 이에 수반하는 물질순환의 질적 전환은 여러 가지로 가치관을 뒤바꿔 놓는 일이 많다. 앞에서 말한 태풍이 그 한 예라고 생각된다.

현재의 지구에서는 인구증가에 따르는 식량 · 에너지문제가 날로 심각해지고 있다. 지구 표층의 2/3를 차지하는 바다는

**그림 2** 해산물

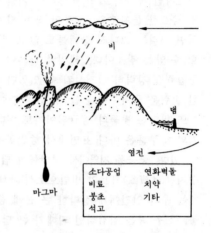

이 문제에 대해서 어떤 가능성을 갖고 있는가를 생각해 보자. 이것은 꿈같은 이야기라고도 할 수 있다.

일본은 자원빈국(資源貧國)이라고 일컬어지고 있다. 그러나 지구 위에서의 일본의 지리적인 좋은 조건(군이 좋은 조건이라고 말한다)으로서는 상당한 특징을 들 수 있다. 다만 이 특징에는 과거의 탈질소균처럼 현재는 아직 피해쪽이 우세한 것도 포함하여서 군이 좋은 조건이라고 치고서 생각해 보았다.

① 비가 많고 바다가 가까운 샤워의 나라이다. 산성비(酸性雨)의 염려도 그다지 없고 화석연료(化石燃料)를 사용하는 데 적합하다.

② 해마다 태풍이 있어 방대한 물과 에너지를 운반해 온다.

③ 일본 근해에는 세계 2대 해류의 하나인 구로시오가 흐르고 있어서 깨끗한 물과 막대한 에너지를 운반해 온다.

④ 수산국이며 해양목장을 만들 수 있는 연안이 많다.

이들 모두를 잘 이용할 수 있다면 일본은 얼마나 풍요로운 나라가 될 것인가 하는 꿈을 꿀 수 있을 것이다.

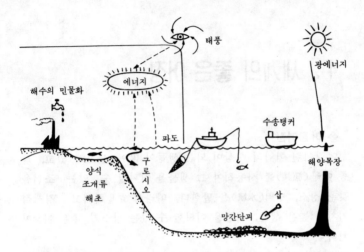

그러나 이것은 헛소리나 몽상이라고 할 수는 없다. 왜냐하면 일본은 이미 파동발전선(波動發電船), 풍력발전(風力發電), 양식수산(養殖水産) 등 상당한 성과를 거두고 있기 때문이다.

미래의 인류는 지구의 관리(管理)와 유효한 이용으로 향해서 나아갈 것이 틀림없다. 이 때 당연히 바다도 그 개발대상이 될 것이다. 여기서 중요한 일은 우리 인간의 활동은 항상 자연과의 조화(調和)를 생각해야 한다는 점이다. 과도한 인간활동이 초래하는 균형의 파탄은 지구 위의 태양에너지의 수용자인 바다와 대기에서 맨 먼저 나타난다. 구체적으로는 때때로 매스컴을 떠들썩하게 하는 이상기상이나 극지의 해빙문제 등으로서 예측할 수 없는 상황을 낳게 할 수 있을 것이라는 점을 생각할 수 있다.

인간은 허파(공기), 수분(바다), 육체(흙)로서 이루어져 있다고 하는 고전적인 생각을 새삼 도리켜 보고, 바다와 대기를 내 몸처럼 생각하고 행동해야 하는 시대가 가까와졌다는 생각이 든다.

# 4. 세계의 좋은 어장

❖ **어장이란**

어장이란 어업의 대상이 되는 생물이 많이 분포해 있고, 각종 어구(漁具)를 사용하여 그 생물을 어획할 수 있는 조건을 갖춘 장소, 수역(水域)을 말한다. 따라서 효율적이고 경제적 가치가 높은 생물, 어종을 어획할 수 있는 장소가 좋은 어장이 된다.

바다에서는 일반적으로 육지나 소비지에 가까울수록 경제적 효율이 크지만 극히 가치가 있는 어종, 예컨대 연어·송어류, 다랑어류, 고래류는 원양어업이 발달하여 먼 해역까지 나가서 조업을 하게 된다. 바다에서는 어떤 어획대상 생물이라 할지라도 그 출발점은 기초생산량이 문제가 되므로 우선 이 점을 생각해 보기로 하자.

❖ **해양의 생산력 분포**

세계의 바다를 그 성질에 따라서 연안해역, 외양해역, 용승(湧昇)해역의 세 가지 형태로 나누어 보자. 각 해역의 면적과 그것이 차지하는 비율, 평균적인 연간 생산량과 어류의 생산량, 말하자면 잠재적 어획량을 추산한 것이 표 1 이다. 이 속에는 각 해역의 어류에 이르기까지의 먹이연쇄의 단계, 즉 영양단계의 평균값과 각 영양단계 사이의 생태적 효율도 포함하여 있다.

이 표에서 보듯이 세계의 바다는 외양해역이 90%를 차지하는

표 1  해양의 구분과 기초생산량 및 어류생산량[라이저, 1969에서 개변]

| 해역 | 면적<br>[km²(%)] | 평 균<br>기초생산량<br>[gC/m²/연] | 전생산량<br>[10⁹ 톤<br>C/연] | 영양단계<br>의 수 | 생태적<br>효율<br>[%] | 어류생산<br>[습중량톤] |
|---|---|---|---|---|---|---|
| 외양해역 | $336 \times 10^6$ (90) | 50 | 16.3 | 5 | 10 | $16 \times 10^5$ |
| 연안해역 | $36 \times 10^6$ (9.9) | 100 | 3.6 | 3 | 15 | $12 \times 10^7$ |
| 용승해역 | $3.6 \times 10^5$ (0.1) | 300 | 0.1 | 1.5 | 20 | $12 \times 10^7$ |
| 합계 | — | — | 20.0 | — | — | $24 \times 10^7$ |

데, 평균생산력은 다른 해역에 비해서 낮고, 어류까지에 이르는 영양단계의 수가 많으며, 그 사이의 효율도 낮은 값으로 추정되고 있다. 이것에 대해 용승해역은 면적으로서는 극히 적지만 생산효율이 높고 영양단계의 수가 적기 때문에 기대되는 어류생산량이 매우 크다. 연안해역의 어류생산량은 양자의 중간값을 취하고 있으나, 여기에는 대륙붕해역도 포함되어 있다.

### ❖ 세계의 좋은 어장

생산력이 높은 해역은 일반적으로 좋은 어장이 될 수 있는 조건을 갖추고 있다고 할 수 있다. 그러나 어업이 성립하려면 인류에게 쓸모있는 어종이 효율적으로 어획되는 곳이어야 한다. 지금까지의 전세계의 어획량을 FAO의 통계로 살펴보면 태평양의 북서부, 태평양의 남동부에서 각각 약 20%, 대서양의 북동부에서 약 15% 정도가 평균치이며 이들 세 해역에서 전세계의 절반 이상의 어획량을 차지하고 있다.

이 중에서 태평양 서북부에는 일본이나 소련 등의 어업국이 있고, 명태, 고등어, 정어리, 오징어 등 다획성 어종이 어업의 대상으로 되어 있다. 대서양 북동부에서는 청어, 고등어, 대구 등이 어획의 중심어종이다. 어느 것도 다 연안성 해역에 속하며 육붕(陸棚), 해도(海島), 해퇴(海堆), 다른 해류에 의해서 만들어지는 조경(潮境) 등으로 형성되는 어장이다.

태평양 남동부해역은 유명한 페루 앞바다의 안쵸베타어업에 의한 어장이 있다. 여기는 현저한 용승류(湧昇流)가 있는 해역으로서, 용승류에 함유되는 풍부한 영양염을 바탕으로 대형 식물플랑크톤이 크게 증식하며, 이것을 멸치 비슷한 안쵸베타라고 불리는 물고기가 잡아먹고 대량으로 증식하는 장소이다. 이 페루 앞바다의 안쵸베타어장의 어획고의 다과는 규모가 큰 해양조건의 변동(예컨대 엘 니뇨)에 의해서 좌우되고, 세계의 어유(魚油)나 어분(魚粉)뿐 아니라 콩이나 옥수수의 시장 상황에도 큰 영향을 미치게 된다(제2권 12. 「엘 니뇨와 두부값 참조).

### ❖ 어장형성의 메커니즘

넓은 시야에서 보면 생물생산이 높은 해역에 좋은 어장이 있지만, 국부적으로 생각하면 물고기가 먹이를 먹으러 모여들거나 산란(産卵)을 위해 모여드는 장소는 좁은 해역에 많은 물고기가 모여들기 때문에 좋은 어장을 형성한다. 옛날의 일본 홋카이도(北海道)의 청어 산란떼의 어장이나, 여름철의 남극바다에 먹이를 잡아먹으러 모여드는 긴수염 고래어장은 이런 예의 하나이다.

좋은 어장의 형성에는 몇 가지 형태가 있다. 그 중의 몇 가지를 들어보자.

(1) 조경어장(潮境漁場) ─ 한류와 난류의 경계선이 국부적으로 발달한 표면의 흐름에 의한 수속(收束)해역을 가리키는데 대해서 구로시오와 오야시오처럼 다른 두 수괴(水塊)의 접촉해역에 형성되는 어장이다. 일본의 산리쿠앞바다(三陸沖)는 꽁치, 가다랭이, 고등어, 고래 등의 어장으로서 유명한데, 오야시오(한류)와 구로시오(난류)의 등온선(等溫線)이 빽빽하게 되어 있는 장소, 즉 온도경사가 심한 곳이나, 뒤얽힌 장소에 좋은 어장이 형성되어 있다. 또 조경(潮境)은 각종 어류의 적수

온대(適水溫帶)가 좁혀질 수 있으므로 해서 (예컨대 8월, 22℃의 온도해역에는 가다랭이, 16℃의 온도해역에는 꽁치) 물고기가 흩어지지 않고 모여들기 쉬운 장소이다. 또 조경(潮境)은 먹이가 되는 플랑크톤이나 잔고기도 집단을 형성하기 쉽고, 따라서 어획 대상어가 오랫동안 머물러 있는 장소를 만든다( 6. 조목과 조경과 어장 참조).

(2) **용승류어장** — 앞에서 말한 페루 앞바다의 안쵸베타어장, 캘리포니아 앞바다의 정어리어장이 유명하다. 육지로부터 바다로 향해서 바람이 계속해서 불면 육안 가까이로 이안류(離岸流)가 발생하고, 이것을 보충하기 위해서 용승류가 발달하며, 또 육안을 따라서 부는 바람이나 해류의 방향에 의한 발산류(發散流)에 의해서도 용승류가 생긴다. 용승현상이 일어나면 영양염이 풍부한 바다의 저층수(低層水)가 태양빛이 투과하는 표층으로 올라오게 되어, 이 영양염과 태양빛에 의해서 대형 식물플랑크톤이 크게 증식하고, 이것을 잡아먹는 어류가 증식하여 빽빽한 어군을 만들기 때문에 좋은 어장이 된다.

(3) **와류해역의 어장** — 강한 해류의 축(軸)이 곶(岬)이나 섬에 부딛히거나 반도(半島)에 의해서 그 방향을 바꿀 경우에는 그 흐름의 안쪽에 와류(渦流)가 발생한다. 이같은 와류가 소규모로 일어나는 장소가 연안에서는 낚시터로 적합한 곳으로서 유명하다. 또 난류와 한류가 접촉해서 생기는 와류해역에도 때로는 좋은 어장이 형성된다.

(4) **대륙붕의 어장** — 대륙붕해역은 하천을 통해서 영양염류가 운반되어 오고 파랑, 조석(潮汐), 열대류(熱對流) 등으로 상하층의 물이 혼합하기 쉬운 점 등으로 플랑크톤의 생산이 왕성하고 먹이가 풍부하다. 또 어업생물에게도 산란이나 자치어(仔稚魚)의 생육에 적합한 장소이므로 대륙붕과 그 주변부도 좋은 어장이 된다. 또 수심 200m 전후의 얕은 육붕어장에서는 저

서생물(低棲生物)도 어획 대상이 되는 종(種)이 많아서 어업 조업상 유리한 해역이다. 이런 예로는 동지나해, 남지나해, 베링해, 남미의 파타고니아 앞바다의 어장이 있고 저서어(低棲魚 : 대구, 태평양농어, 게, 가자미, 새우 등)나 부유어(浮遊魚 : 고등어, 청어, 명태 등)의 어업이 활발하다.

(5) **퇴·초어장**(堆·礁漁場) — 솟아오른 해저지형, 해퇴(海堆), 초(礁), 해산(海山) 주변에는 난류(亂流)에 의해서 용승류나 와류(渦流)가 발생하고, 먹이생물이 증식하거나 어군(魚群)을 장기간 멈춰 두거나 하기 때문에 좋은 어장이 형성되는 수가 있다. 이런 예로는 동해 중앙부에 있는 야마토퇴(大和堆), 북태평양·중앙의 캄차카 앞바다로부터 미드웨이섬에 걸쳐서 산재하는 천황해산렬(天皇海山列)이라고 불리는 해산 부근이 잘 알려져 있다. 북미 캐나다 앞바다의 뉴펀들랜드뱅크, 북해의 조지아뱅크도 세계적으로 유명한 어장이다.

# 5. 동서 대구전쟁

## ❖ 동서 대구어업의 연혁

200해리 어업경제수역이 제정된 1977년 이후, 일본국의 어종별 어획량의 수위는 정어리로 넘어갔으나, 그 이전은 십수년에 걸쳐서 명태가 항상 수위였다. 명태의 연간 어획량은 1965년경에는 100만 톤 미만이던 것이 이후 해마다 증가하여, 1972년에는 300만 톤을 넘어섰고, 이후 조금씩 감소 추세를 보이다가 200해리시대 이후에는 160만 톤 정도로 보합상태에 있다. 이같은 어획량의 변화는 모선식 저인망(母船式底引網), 북방트롤, 북전선(北轉船) 등 북양(北洋)어업의 성쇠와 대응하고 있다.

홋카이도(北海道)주변에서 조업하던 대구는 1900년경 연승어선이 지시마열도(千島列島)를 따라서 북상하여 오호츠크해의 캄차카반도 서해안까지 나간 것이 일본어선에 의한 북양에서의 저서어자원(低棲魚資源)이용의 효시라고 하며, 제2차 세계 대전 중까지 계속되었다. 또 북동쪽인 베링해로는 1930년에 트롤선이 처녀출어를 하여 시험조업을 계속했으나 1937년에 중단되었다.

그러나 제2차 세계대전의 결과 일본에 과해졌던 조업제한(操業制限)이 1952년의 강화조약으로 해제되자, 각종 원양어업이 일제히 조업을 개시했고, 1954년에는 서캄차카와 베링해의 어장으로 각 1개 선단의 모선식 저인망선단이 출어하여 주로 사료용 가자미류를 잡고 있었다. 그러나 그 후 차츰 자원

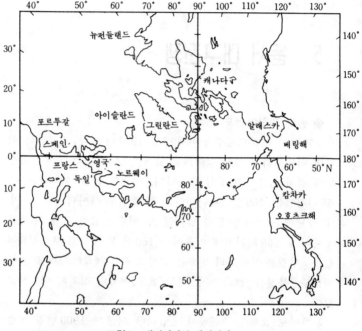

**그림 1** 북태평양과 북대서양

이 고갈되어 어업이 존망의 위기에 빠졌는데, 1964년에 공선 (工船) 위에서 직접 명태로부터 어묵과 어육소시지 등의 원료가 되는 생선 살을 만드는 획기적인 기술이 개발되어 북양의 저서어어업은 다시 활기를 되찾아 1970년 초에 최성기(最盛期)를 맞이했다.

베링해로의 소련선의 출어는 전후만을 따져 본다면 일본보다 앞서 있고, 최근에는 250~3,000톤급의 트롤선이 선단조업(船團操業)을 하고 있다. 주로 가자미, 청어, 알래스카농어, 새우 등을 어획하며 연간 어획량은 일본에 이어 제2위를 차지하고 있다.

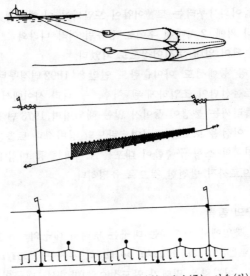

**그림 2** 대구류의 어로법〔트롤(상), 자망(중), 연승(하)〕

미국은 1928년에 북양가자미 연승어업을 개시했으나 2차대전의 시작과 더불어 중단했다. 그리고 전후 캐나다와 함께 다시 시작하여 1963년에 성황기를 맞이했으나 현재는 거의 출어하지 않고 있다.

그런데 최근에 이르러, 1967년부터 한국이, 1974년부터는 자유중국이 이 해역에서 트롤에 의하여 명태를 어획하게 되어 명태자원을 둘러싼 쟁탈전이 치열해졌다.

한편 캐나다, 그린란드, 아이슬란드, 노르웨이, 영국 등에 둘러싸인 북대서양도 대구류의 대어장이다. 뉴펀들랜드섬 주변 해역에는 15세기 초부터 영국, 프랑스, 스페인, 포르투갈의 어민이 출어하고 있었다. 이들 어민은 매년 늦은 봄에 고국을 출항하여 여름의 4∼5개월 동안을 어장에서 보내고 가을철에 귀국하는 계절어업(季節漁業)을 약 400년간 계속해 왔다. 20

세기에 들어와서부터는 트롤어업이 도입되ㄱ 이 해역에는 유럽 여러 나라 외에 2차대전 후에는 동유럽 여러 나라와 소련도 출어하게 되어 일대 국제어장으로 되었다.

북대서양 중에서도 아이슬란드 연안은 1892년경부터 영국의 스팀트롤선단이 조업하게 된 이후, 두 나라 사이에서 대구 잡이를 둘러싸는 분쟁이 끊이지 않는 해역이며, 1973년에는 자기나라의 어선을 보호하는 아이슬란드의 경비정과 트롤선을 호위하는 영국의 소형 구축함이 대포를 쏘아대는 등 마침내 "대구전쟁"으로까지 발전한 것으로 유명하다.

### ❖ 대구의 종류

일본이 북양에서 어획하는 대구는 명태와 대구의 두 가지인데, 영어로는 전자가 *Alaska pollack*, 후자는 *Pacific cod* 라 불린다. 어획량은 명태가 압도적으로 많아서 대구의 10배 이상이나 된다. 북대서양에서 어획되는 대구류는 그림 3에 보였듯이 코드(cod), 화이팅(whiting), 하독크(haddock), 폴락크 (pollack), 링(ling), 콜피시(callfish), 헤이크(hake), 토르스크 (torsk) 등 많은 종류가 있다.

북태평양의 명태 산란기는 3~7월 상순이며 5~6월이 최성기이다. 이 종류는 4살까지는 생장이 비교적 빠르고, 만 1살이면 체장이 13 cm가 되고, 그 후 4살까지는 해마다 약 9 cm 정도, 4살부터 8살까지는 5 cm 정도씩 커서 10살이 되면 66 cm 정도로 성장한다. 주된 먹이는 동물플랑크톤, 새우, 게, 물고기 등으로 먹이를 섭취하고 산란을 위해서 해양을 널리 돌아다닌다.

북태평양의 대구는 명태나 북대서양의 대구와는 달라서 크게 이동하지 않고 비교적 얕은 해저에 서식하고 있다. 이 종류는 성장이 약간 빨라서 체장은 2살에서 30 cm, 5살에서

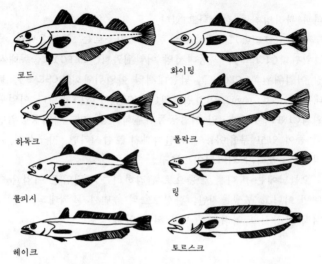

코드

화이팅

하독크

폴락크

콜피시

링

헤이크

토르스크

**그림 3**  대구의 종류와 영어 이름

54 cm, 9살에서 84 cm가 된다.

북서 대서양의 대구류는 그 종류가 많기 때문에 먹이면에서 경합을 하는 수가 많은데 산란기, 분포해역, 회유 루트 등을 미묘하게 변화시킴으로써 공존을 꾀하는 모습이 엿보인다.

### ❖ 자원의 국제적 이용과 관리

배가 작고 항해기술이 발달하지 못했던 옛날에는 극히 제한된 수역을 제외하고는 모든 바다에서 자유로운 어업을 하고 있었다. 그러나 배가 커지고 멀리까지 항해할 수 있는 시대, 즉 15세기의 대항해시대의 막이 오르면서 해양분할(海洋分割)의 조짐이 나타나기 시작하여 현재는 200해리 제도가 정착되어, 바다의 자원은 무주물(無主物)이 아니게 되어 버렸다.  200해리 내에서는 국가와 국가 사이의 교섭을 갖게 되고, 공해(公海)에 대해서는 복수 국가에서 위원회를 구성하여 자원의 현황분

석과 관리방침을 검토하고 있다.

저서어(底棲魚)를 대상으로 한 국제기구로는 북서대서양 어업위원회(ICNAF), 북동대서양 어업위원회(NEAFC), 중동대서양 어업위원회(CECAF), 남동대서양 어업위원회(ICSEAF), 북태평양 오효(ohyo) 어업위원회(IPHC), 미·일·캐나다 어업위원회(INPFC), 한·일 어업공동위원회, 중·일 어업공동위원회 등이 있고 부유어류의 위원회까지 포함시키면 지구상의 거의 모든 공해가 커버되어 있다.

오늘날에는 바다를 공동으로 관리하려는 움직임은 어업 분야뿐만 아니고 무생물자원, 환경보호의 측면까지 확대되고 있어 더욱 복잡하고 어려운 문제로 되어 있다.

# 6. 조목과 조경과 어장

## ❖ 조목과 조경

 잔잔한 바다 위를 배로 항해하고 있노라면 해면에 줄과 같은 무늬가 떠올라 있는 것을 보는 때가 있다. 또 하구의 선착장이나, 강물이 바다로 흘러드는 곳 근처에도 물빛이 뚜렷이 다른 장소나 수면에 줄무늬같은 것이 보이는 곳이 있다. 이런 장소는 그 수면에 많은 부유물이 나무조각이나 바닷말(海藻)을 중심으로 집적해 있고, 갈매기가 그 주변에 떼를 지어 날아 다니면서 먹이를 쪼아 먹고 있는 광경을 본 경험이 있는 분도 많을 것이다.

 이같이 해면에서 국부적으로 다른 표면류(表面流)가 접촉하여 수속현상(收束現象)을 일으키고, 여러 가지 부유물, 플랑크톤, 거품 등이 집적하고, 줄무늬처럼 보이는 것을 일반적으로 조목(潮目: current rip)이라고 부르고 있다. 이같은 해역에는 플랑크톤이 모여 있는 경우가 많고, 줄무늬 부근이나 줄무늬가 없더라도 그 근처에서는 물결이 일거나 잔물결 소리가 들리는 일도 있다.

 조경(潮境)은 조목(潮目)과 비슷한 현상이지만 서로 다른 수괴(水塊)의 경계를 가리키고 있다. 균일하게 보이는 바다도 다른 성질을 가진 수괴로써 이루어져 있다. 즉 각각의 수괴에서는 수온, 염분, 용존산소(溶存酸素), 영양염의 양과 서식하고 있는 생물의 종류나 양이 독자적인 분포를 하고 있다. 특히 조경이 발달하는 해역은 다른 수괴가 강한 해류를 수반하여 접촉

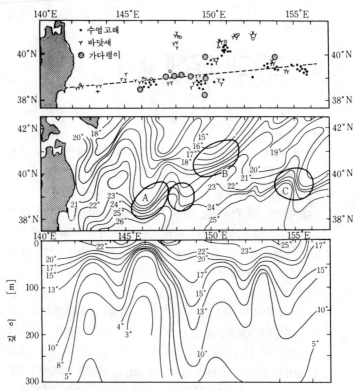

**그림 1** 산리쿠 앞바다의 조목어장에서의 수온분포와 수염고래(보리고래가 주),
　　　 바닷새, 가다랭이의 출현상황. 맨 윗단 그림의 점선은 맨아랫단의 횡단
　　　 면의 선을 가리킨다.

하는 곳으로서, 일본 근해에서는 오야시오(한류)와 구로시오(난
류)가 부딪히는 동북지방의 산리쿠(三陸) 앞바다, 쓰시마난류
의 가장자리 등에 뚜렷한 조경이 형성된다.

　조목은 표면에 뜬 먼지나 뉴스톤이라고 불리는 생물(수표생물
로서 해표면에서부터 10cm 근처까지 극히 표층에만 분포해 있는 생물 )이
집적해 있기 때문에, 조경 속에서도 식별하기 쉽고 흔히 여러

개의 조목이 관찰된다. 조목은 조경이 다른 수괴가  접촉하는 장소인데 비교해서 동일한 수괴 가운데서도 바람이나 섬그림자 (島影) 등에 의해서 형성되는 일도 있어, 이 점이 조경과는 다른 점이다.

### ❖ 조경의 해역과 어장

위에서 말했듯이 조경은 다른 수괴의 경제해역을  가리키는 셈인데, 유명한 조경해역으로서는 구로시오와 오야시오가 접촉하는 일본 동북지방의 산리쿠(三陸) 앞바다, 북대서양의 일대 난류인 걸프해류와 한류인 라브라도르해류가 접촉하는  뉴펀들랜드 앞바다가 있다. 이들은 세계적인 좋은 어장 중에서도  특히 유명한 해역의 하나이다.

이 밖에도 남태평양에서는 동오스트레일리아해류(난류)와  서풍피류(西風皮流 : 한류)가 접촉하는 태즈메이니아, 뉴질랜드 앞바다가 인도다랑어와 오징어류의 좋은 어장이 된다.  대서양에서는 앞에서 말한 뉴펀들랜드 앞바다 외에도 북으로부터의  브라질해류(난류)와 포클랜드해류(한류)가 접촉하는 파타고니아 앞바다, 남아프리카 앞바다의 아굴라스해류(난류)와 남극을 돌아서 흐르는 서풍피류(西風皮流 : 한류), 북대서양의 동그린란드해류(한류)와 노르웨이해류(동대서양해류)와의 조경도 좋은 어장이다.

이와 같은 조경에는 생물이 많아 쓸모있는 어류에 의한 좋은 어장이 형성되며, 일본의 수산해양학자 기타하라(北原多作) 박사가 제창한 "다른 해류가 접촉하는 조경은 어군이  모여드는 좋은 어장이 되며, 따라서 조경도 어장의 표지가 된다"라고 하는 「기타하라의 법칙」은 현재도 살아 있다.  특히 꽁치나 가다랭이 또는 대형 고래류 등 회유성 수산생물의  어장으로서 예로부터 어업가들에게는 경험적으로 알려져 있었다.

### ❖ 조경, 조목어장의 특징

조경은 다른 수괴, 특히 해류가 접촉하는 해역이므로 이 덩어리를 횡단하면 수온이나 염분이 급변한다. 해수 속에 분포하는 플랑크톤의 종류나 양이 두드러지게 변화하기 때문에 해수의 색깔과 투명도 등도 급변하고 또 조목이 나타나거나 하여 육안으로도 구분할 수 있을 때가 있다. 또 조경해역에서는 일반적으로 바닷안개가 자주 발생하거나 저기압이 발달하는 일도 있어 항해상 주의해야 할 해역이다. 기타하라박사와 쌍벽을 이루는 수산해양학자 우다(宇田道隆)박사가 "안개가 많은 해역은 좋은 어장"이라고 말하는 것도 조경어장의 특징을 잘 나타내고 있다.

그런데 조경해역은 폭이 좁은 불연속선으로 되어 있을 경우와 비교적 폭넓은 해역에 걸쳐서 복잡한 해황(海況)을 나타내고 있는 경우가 있다. 시간적으로나 공간적으로도 다른 수괴가 모자이크모양으로 뒤섞여 있고, 두 해류의 속도차나 방향에 따라서 국부적으로 수속(收束)하는 침강류나 발산하는 용승류(湧

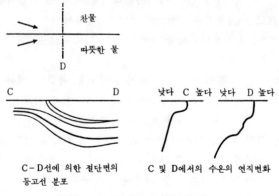

C － D선에 의한 절단면의          C 및 D에서의 수온의 연직변화
등고선 분포

**그림 2**  조경에서의 수온분포의 구조

昇流)가 나타나며, 또 와류도 발달하여 여기 저기에서 볼 수 있게 된다. 이같은 해역은 일반적으로 상하 양 수층의 혼합이 이루어져서 영양염이 풍부해지기 때문에, 식물플랑크톤에 의한 기초생산이 왕성해지고, 이것을 먹이로 하는 동물플랑크톤이 증식하기 때문에 자치어(仔稚魚)나 동물플랑크톤을 포식하는 물고기의 무리가 모여들게 된다.

그 결과 조경의 또 하나의 작용으로서 위에서 말한 것처럼 먹이가 되는 동물플랑크톤이나 잔고기가 조경에 많아지면, 이것을 잡아먹는 소형어(동물플랑크톤을 잡아먹는 꽁치)나 대형어, 고래(오징어, 샛비늘치, 남극새우을 잡아 먹는다)가 모여 들게 되는데 이들 수산생물은 먹이를 섭취하기 위해 비교적 오랫동안 조경에 머물러 있게 된다. 또 다른 수괴의 강약이나 수속(收束)작용으로 이들 생물이 좋아하는 수온해역의 폭이 훨씬 좁혀지는 경우가 있는데, 이런 때는 좁은 해역에 많은 수산생물이 밀집해 있게 되어 어로효과가 매우 높아져서 좋은 어장을 형성하게 된다.

# 7. 바다 속의 물고기를 탐색

## ❖ 경험적 어군탐지법

예로부터 어부들은 경험적으로 "망보기"라고 통틀어 일컫는 어군탐지법을 사용해 왔다. "거품"〔정어리 등의 잔고기가 내놓는 기포(氣泡)가 해표면에 떠오르는 것을 살핀다〕, "색깔"(고기떼의 종류, 규모, 깊이 등에 따라서 해표면에 반영되는 색깔을 살핀다), "잔잔하기"(고기떼로 말미암아 해표면이 잔잔해지는 상태를 살핀다) 등 해면 아래에 고기떼가 있으므로써 일으켜지는 물리현상을 이용하는 방법, "뜀뛰기"(고기떼의 해면에서의 도약상태를 살핀다)나 "새붙임"(바닷새가 해면에 떼지어 몰려드는 상태를 살핀다)처럼 어군 또는 대형어군에 쫓긴 소형의 먹이로 되는 어군에 부수되는 생물현상을 이용하는 방법, 또는 "더듬이"라고 하는 추가 달린 끈을 바다 속으로 드리워서 이것이 고기에 부딪혀서 손에 주는 감각으로부터 어군의 존재를 알아내는 직접적인 방법 등이 있었다. 또 직접적인 것은 아니지만 계절, 시각, 조수가 들고 날 때, 심도, 해저지형, 용승(湧昇), 유목(流木)이나 고래상어의 존재 등 물고기의 습성을 이해한 위에서의 어군 추정에 관해서도 그야말로 고기잡이에 생활을 걸고 있는 사람들로서 뛰어난 솜씨를 발휘해 왔다.

이러한 고생도 근본을 따지고 보면 해수가 전자기파(電磁氣波)를 급격히 흡수해 버리는 것, 즉 바다 속을 눈으로 내다 볼 수 없다는 것과 레이다로 물 속의 모습을 포착할 수 없다는 데에 그 원인이 있다.

❖ **음향측심기(音響測深機)의 발달과 "거짓 해저"**

그러나 수중에서는 탄성파(彈性波), 즉 소리는 매우 잘 전파하고, 그 전파(傳播)속도는 공기 속에서보다 몇 배나 빠르다는 것은 기원전 4세기의 아리스토텔레스나 르네상스기의 레오나르도 다 빈치 등에 의해서 알려져 있었다. 19세기 전반에는 수중음속이 1초에 약 1,500m 라는 것이 실측되었고, 이후 소리를 빛이나 전파로 대신하는 수중통신수단으로 삼으려고, 수중에서의 원격통신과 메아리(echo)의 원리를 이용한 수심측정, 또는 안개 속에서 다른 선박이나 빙산을 피하기 위한 음향 레이다(sonar)로의 착상과 예비적인 실험이 계속되었다. 그리고 20세기에 들어와서 제 1차 대전의 잠수함 탐지를 계기로 하여 수중음파기술이 급격한 진보를 이룩하여 현재와 같은 음향에 의한 수중 이차원사진(水中二次元寫眞)이 얻어지게 되었다.

그리고 이같은 우수한 음향측심기로 조사를 진행시키던 중 이상한 현상을 알게 되었다. 얼핏 보아서 해저와 비슷한 영상(映像)이 진짜 해저보다 위쪽에 나타나서 움직였다 사라졌다 하는 것이었다. 그래서 "환상의 해저" 또는 "거짓 해저" 따위로 불리었는데, 이것은 아마도 물고기나 새우 등의 무리 때문이 아닐까 하고 생각되었다.

일본에서도 초음파식 수중음향기기의 연구는 일찍부터 시작되어, 농림성(農林省)의 수산강습소 물리연구실에서 다우치(田內森三郎)와 기무라(木村喜之助)가 1927년에 랑지방식 어군탐지기를 시험제작하여 스루가만(駿河灣)의 정치망(定置網) 안에서 참가다랭이, 정어리에 대해서 실험적으로 그 유용성(有用性)을 세계에 앞서 증명했다. 이리하여 처음에는 "거짓 해저"라고 하여 측심(測深)의 방해물로 생각했던 현상이 도리어 어군의 반사상(反射像)으로서 크게 이용되게 되어 청어, 정어리, 전갱이, 고등어, 참가다랭이 등의 수중탐사에 성공, 제 2차 대전

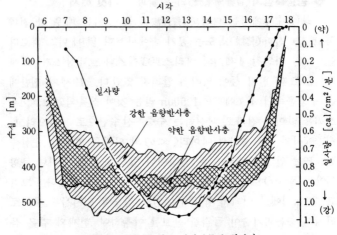

그림 1   DSL의 일주 연직이동과 일사량

후에는 어군탐지기는 어선의 필수장비로 되었다.

오늘날에는 해저가 아닌 수중의 음파산란층(音波散亂層)을 DSL(Deep-sea Scattering Layer)이라고 통틀어 일컬으며 상세한 과학적 조사가 행해지고 있다(다음의 7. 참조). 일반적으로 이 DSL은 낮에는 300~500m의 심층에 있고, 저녁이 되면 차츰 상승하여 밤에는 표층 가까이로 다달았다가 새벽녘에는 다시 표층에서부터 하강하여 낮의 심층으로 되돌아가는 일주 연직운동(日周鉛直運動)을 한다는 것이 발견되었다(그림 1). 실제로 이 DSL층에 채집망을 넣어서 끌어보았더니, 대형 플랑크톤인 코페포다, 우렁쉥이류, 남극새우와 벚새우 등의 갑각류, 오징어와 소형 심해어류(특히 샛비늘치류) 등의 중·소형 유영성(遊泳性) 동물이 그 주체임을 알았다.

물론 대형 어류떼(가다랭이, 참다랑어, 등의 대형어류, 오징어나 고래에서는 단독개체에서도)도 음향적으로 도식화되는 데서부터 최근에는 정밀한 어군탐지기에 의해서 해수 속의 전체 생물량을 능

률적으로 추정하여, 세계적인 차원에서 대양의 자원량을 파악하려는 계획도 태어났다. 이 특수한 어군탐지기는 약간 복잡한 기계이기 때문에 다음에 수중음향학을 복습하면서 설명하기로 한다.

### ❖ 수중음의 성질과 과학적인 어군탐지기의 원리

소리에는 세기와 높이라고 하는 성질이 있는데, 세기는 음파의 진폭에, 높이는 진동수에 따라서 결정된다. 다만 속도, 즉 음속은 이들 성질과는 다르다는 것은 이미 알고 있을 것이다. 이 진동수를 높여가서 사람의 귀에 들리는 20,000 Hz (헤르츠 : 1초당의 진동수)를 넘게 되면 소리도 빛과 마찬가지로 좁은 범위를 비추는 빔이 되어 직진하는 성질이 강해진다. 그리고 완전히 빛과 같이 단위면적당의 소리의 세기는 거리의 제곱에 비례해서 작아져 간다 (기하학적 확산). 또 해수나 공기와 같은 자연계의 실제의 매체 속에서는 방사된 음파의 에너지는, 분자간의 마찰이나 흡수, 산란에 의해서 감쇠한다. 이 감쇠의 영향은 음원(音源)으로부터의 거리에 대해서 지수함수적으로 증대하는 형태로서 나타내어진다.

이 발사음이 그리는 원뿔 속에 물고기와 같은 반사물체가 있었다고 하면 그 어체(魚體)의 투영단면적에 걸맞는 음파에너지가 반사되어, 다시 어선의 수신기를 향해 진행해 와서 어군탐지기의 기록지에 그 반사음의 세기에 비례하는 검은 점으로서 그려진다. 결국 반사음으로서 수신기로 되돌아오는 음파에너지는 음원과 반사물체와의 거리의 4제곱과 거리의 2배에 걸리는 지수함수에 역비례한 크기가 된다. 이것은 똑같은 크기의 물고기가 두 마리 있었다고 하더라도, 거리가 먼 쪽의 반사음은 가까운 것보다 훨씬 작아진다는 것을 가리키고 있다.

그러나 만일 반사음을 기록지에 그리기 전에, 거리가 멀어진

몫의 기하학적 확산과 감쇠량을 계산하여(실제로는 전기연산회로에
의해서) 보충해 주면 같은 크기의 음파 반사물체는 거리에 관
계없이 같은 농도로 기록시킬 수가 있다. 이 연산회로는 TVG
(Time Varied Gain)라고 불린다. 같은 크기의 복수의 물고기
가 같은 거리에 있은 경우에는 그 수에 비례한 반사음이 기록
되므로, 결국 음원으로부터 원뿔 모양으로 퍼져 나가는 공간
에 대해서 반사음의 세기를 거리에 관해서 차례로 TVG로 보
정(補正)하면서, 또 소리가 거리와 더불어 원뿔 모양으로 퍼져
나가는 면적이 증대한 몫을 감안하면서 적분(積分)해 가면, 어
떤 어군의 전체량에 걸맞는 전기신호가 얻어지게 된다. 이 TV
G와 적분기(積分器)를 갖춘 어군탐지기를 통상 "과학어탐(科
學魚探)"이라고 하는데, 실제는 여기에다 음향의 지향성(指向
性)패턴과 전기회로부의 특성에 관한 보정, 기준 탐색거리당
의 적분회로를 갖거나 하는 복잡한 기계이다(사진1).

　이 "과학어탐"은 영국, 미국, 프랑스, 일본, 오스트레일리

어군탐지기(기록기 · 전원발진기)　　　인테그레이터부 교정부

**사진1** 과학어탐

아 등 11개국의 참가 아래 1977년부터 시작된 「남극해의 생태계와 자원에 관한 생물학적 조사」( BIOMASS계획)에도 중요한 조사항목으로 지정되어 일본의 도쿄(東京)대학 해양연구소의 하쿠호마루(白鳳號 : 3,200톤)가 이 장비를 싣고, 1983～1984년에 걸쳐서 남극해에서 남극새우를 주체로 하는 생물자원량의 조사에서 활약했다.

그러나 실제로 이 과학어탐을 사용하여 생물자원량을 추정하는 데는, 조사해역에 출현하는 생물의 종(種)과 그 체장(體長), 그리고 각 생물종의 평균적인 음파 반사강도에 의한 정보와 수평적인 분포형에 대한 지식이 필요하다. 비교적 단순한 생물군집으로부터 이루어지는 극양(極洋) 등에서는 위력을 발휘하지만, 일본의 주변처럼 많은 종류의 생물이 출현하는 해역에서는 그물에 의한 채집, 심해카메라나 잠수정에 의한 생물의 종류와 크기의 확인 등이 필요하며 꾀나 힘드는 작업이다.

# 8. 심해 음파산란층 (DSL)

❖ 심해 음파산란층이란？

　DSL 또는 DSL's 는 Deep-sea Scattering Layer(s)의 약어이다. 1930년대부터 해저까지의 수심을 측정하기 위해 음향측심기(音響測深機)가 활발하게 사용되게 되었다. 음향측심기는 5～200 kHz 정도의 초음파를 발사하여 해저로부터의 반사음으로부터 수심을 구하는 것인데, 발사음이 해저보다 얕은 심도에서 반사해 오는 경우가 자주 있었다.

　기록지에 나타난 이같은 반사음의 상(像)은 해저의 모습과는 달리 번진 것처럼 보이기 때문에 "위저상(僞底像 : False bottom)", "거짓 해저(僞海底)", "환상의 해저", "유령해저" 등으로 불리었다. 당시의 해도에는 ED(Existence Doubtful)로 한 음향측심 결과가 나와있는 것도 있다.

　1940년대 초에는 이같은 층이 해양의 도처에서 나타나는 것이 확인되었다. 심해 음파산란층(深海音波散亂層)은 낮에는 300～400m층에서 비교적 드문 드문하게 관측된다. 저녁이 되면 이 층은 차츰 짙어지면서 상승하여, 밤중에는 해표층으로부터 50m 부근까지 여러 층으로 분포해 있다가 새벽에는 다시 하강을 시작하여 해가 완전히 올라온 무렵에는 원래의 수심으로 되돌아 간다.

❖ 심해 음파산란층의 성인

　이 음파산란층에 대한 연구, 해석이 시작된 것은 1940년대

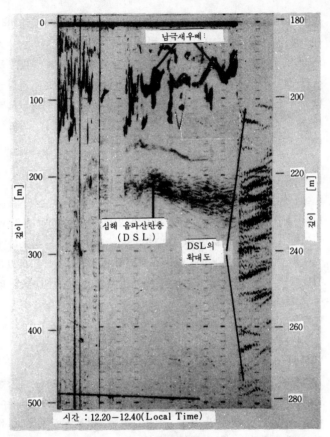

**그림 1** 어군탐지기의 기록지에 나타난 남극해의 심해 음파산란층과 남극새우떼〔심해 음파산란층 (DSL) 부분은 오른쪽에 확대해 있다〕

에 들어와서이다. 이같은 음파산란층이 바다의 얕은 층에서 인정되었을 때, 수온의 두드러진 저하가 있고, 수온약층(水溫躍層 : 수온이 급격하게 변화하는 층)이 인정되는 일도 있다. 그러나 이같은 수온약층에 의해서 초음파의 반사가 인정되었을 경우에는 일주기(日周期)의 음파산란층의 이동은 없다. 또 대형어류, 즉 참가다랭이, 상어 등은 마치 우산을 펼친 듯한 모양으로 개개의 단체(單體)로서 기록지에 기록되므로 보다 작은 물체인 것이 명확하다. 그물에 의한 채집이나 초음파의 파장을 바꾸어서 이 층을 해석(解析)한 결과 플랑크톤이나 마이크로넥톤(소형 유영생물)이라고 불리는 생물일 것이라는 것이 밝혀졌다.

### ❖ 음파산란층을 구성하는 생물

이같은 일주기 이동을 하는 생물은 그 산란층까지 그물을 내려서 출입구를 여닫아 채집할 필요가 있다. 또 이 산란층을 따라가면서 장시간 가로끌기(橫曳)를 하는 등 연구가 필요하다. 심해용 카메라를 이 층에 드리워서 어떤 생물이 분포하고 있는가를 관찰하는 방법도 있다. 다른 파장의 초음파로 이 층을 타격함으로써 그 반사의 강도나, 반사음이 기록되는 성질이나 형태로부터 대형 또는 소형의 개체인지, 또 소리를 반사하기 쉬운 성질을 가진 생물인지 아닌지 하는 것도 어느 정도까지 판단할 수 있다.

이렇게 하여 조사된 결과 심해 음파산란층은 비교적 다양한 생물로써 구성되어 있다는 것을 알았다. 우선 마이크로넥톤이라고 불리는 한 무리의 생물, 샛비늘치류, 대형 남극새우류, 유영성 새우류가 그 주된 구성생물일 것이라고 한다. 이 밖에도 해표층까지 부상하는 음파산란층 중에는 대형 요각류가 많이 분포되어 있다. 또 음파산란층을 초음파의 파장으로 바꾸어서 탐색해 보면 수백 m의 수심에 있을 때는 그 반사체가 작고, 야간에 해면 아래 수십 m의 수심으로 부상했을 때는 반사체의 크기가 크다는 것도 관찰되었다. 해양의 도처에 널리 분포하는 샛비늘치 등 마이크로넥톤어류의 무리에는 부레에 기체가 들어있는 종류와 부레 속이 지방질로 채워져 있는 종류가 있는데, 심해 음파산란층의 원인이 되는 것이라고 생각되는 종류는 부레 속에 가스를 가진 무리이다. 그 중에서도 가스를 갖는 부레는 초음파의 매우 강한 반사체가 된다. 수압과의 관계로 바다 상층에서 기체포(氣體胞)의 체적(부레의 체적)이 커진다는 것도 이 현상을 잘 설명할 수 있다고 한다. 위에서 말한 그물채집으로 얻어진 대형 동물플랑크톤이나 마이크로넥톤의 이동거리와 속도는 심해 음파산란층의 이동속도와 딱 일치하고 있다.

## ❖ 심해 음파산란층과 바다의 생산

이같은 심해 음파산란층이 해양의 마이크로넥톤에 의해서 구성되어 있다는 것을 알게 되고, 나아가 다른 초음파의 산란층이 마찬가지로 많은 종류의 생물에 의해서 구성된다는 것도 밝혀졌는데, 이같은 것이 바다의 생산, 인류에게 쓸모있는 어류나 다른 생물의 양이나 분포와 어떻게 관계되고 있을까?

현재 사용되고 있는 어군탐지기로 초음파를 사용하여, 어군이나 다른 생물 또는 해저로부터 반사되어 돌아온 음파를 적당히 증폭, 처리하여 브라운관이나 기록지에 상(像)으로서 비추어낸다. 따라서 음파산란의 농담과 심도, 그 출현상태에 따라서 생물의 현존량을 추정할 수 있다. 사실 이와 같은 심해 음파산란층, 천해 음파산란층은 생산력이 높다고 생각되는 해역으로부터 많이 기록되어 왔다.

특히 최근의 어군탐지기는 수심을 구획하여(예컨대 10～20 m씩으로 구분하여) 그 사이에 분포해 있는 생물의 상대적인 양을 추정할 수 있게 되었다. 따라서 이같은 계량식 어군탐지기(과학어탐)를 사용하면, 어느 해역의 어류와 그 먹이가 되는 플랑크톤, 마이크로넥톤의 양을 추정할 수 있게 된다. 따라서 매우 신속하게 조사해역의 생물자원의 현존량을 진단할 수 있게 되는 것도 꿈이 아닐 것으로 생각된다.

# 9. 청어는 환상의 어류?

### ❖ 회복되지 않는 청어자원

청어는 북쪽의 냉수해역에, 정어리는 남쪽의 난수해역에 분포하는 어류인데, 이 둘은 분류학적으로는 가까운 관계이고, 더구나 어획량에 대규모의 변동이 있는 종류로서 유명하다. 일본에서의 19세기 말부터의 청어 어획량의 변동경향을 살펴보면 그림 1 과 같고, 1890년 전후가 피크로서 100 만 톤을 초과하

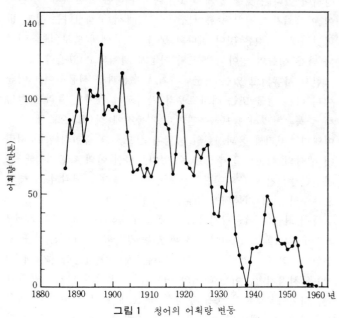

**그림 1** 청어의 어획량 변동

던 어획량은 그후 차츰 저하해서 1955년 이후는 괴멸적인 상태가 되어 현재에 이르고 있다.

현재 청어는 거의가 말린 알이나 활어(活魚)로서 이용되고 있지만, 옛날의 풍어시대에는 여러 가지 제품으로 가공되고 있었다. 봄에 산란을 위해 연안으로 접근하는 청어는 살찌고 지방분이 많기 때문에 아가미와 내장을 들어내고 말린 뒤, 등부분만을 남겨서 다시 건조시킨 "관목"(건청어)으로 만들었다. 또 대량으로 어획되어 이런 가공에 미처 손이 돌아가지 못하는 대부분의 청어는 가마로 삶아서 기름과 찌꺼기로 분리하고, 찌꺼기는 건조, 분쇄하여 비료로 사용했다. 이같이 청어는 정어리와 함께 경화유(硬化油)의 원료로서, 또 농업용 비료로서 한 때는 중요한 어류였으나 현재는 홋카이도 연안으로 산란을 위해서 오는 청어떼가 거의 없다시피 하여 일본에서는 "환상의 어류"라고 불리고 있다.

### ❖ 생육(生育)하는 해역이 다르면 생태도 달라지는 청어

청어는 태평양의 아시아대륙쪽에서는 동지나해 북부로부터 발해만, 한국의 동해연안, 소련의 연해주(沿海州), 사할린, 오호츠크해, 베링해로, 또 미국대륙쪽으로도 시베리아해쪽으로도 분포해 있다. 그래서 같은 청어라도 해역마다 독립성이 강한 몇 개의 부분집단으로 나누어져 있다. 이 집단을 "계통군(系統群)"이라 하고 극동수역만 하더라도 홋카이도·사할린계, 오호츠크계, 기지가·캄차카계, 코르프·카라진계 등이 알려져 있다. 그 밖에도 남사할린의 포로나이스크호, 일본 홋카이도의 사로마호, 아오모리현(靑森縣)의 오부치누마(尾駮沼), 이바라기현(茨城縣)의 히누마(涸沼) 등의 기수호(汽水湖)에는 산란을 위해 거슬러 올라오는 해양형 청어와는 다른 계통의 청어가 있다.

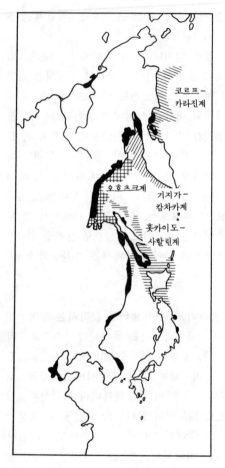

**그림 2** 청어의 산란장
(검은 곳), 분포해역
(줄을 친곳)및 계통군

코르프-
카라진계

오호츠크계

기지가-
캄차카계

홋카이도-
사할린계

이상에서 말한 각 계통군은 생장·성숙 등의 생활사(生活史)
가 매우 다르다는 것이 알려져 있다. 예컨대 일본인에게 친숙
한 홋카이도·사할린계통군은 3살에 산란을 시작하고 수명이
20살인데 대해서 코르프·카라진 및 기지가·캄차카계통군은
성숙년령이 5살, 수명이 15살이다.

풍어시대에는 홋카이도에서는 3월 하순에서부터 5월 중순에 걸쳐서 해수의 온도가 5~6 ℃가 되면 청어가 연안으로 왔다. 청어는 5m 이하의 얕은 수심까지도 떼를 지어 들어와서 해조(海藻)에 산란하는데, 이 풍어시대에는 이 때 수컷이 방출한 정자로 바닷물이 하얗게 흐려지는 일도 있었다. 이같이 청어가 대량으로 몰려오는 현상을 당시의 사람들은 「떼걸이」라고 부르고 있었다. 암컷 한 마리의 산란수는 대충 청어의 「나이×10,000」개라고 하며, 거의 정어리와 같아서 어류 중에서는 비교적 적은 편이다.

알은 반 달 내지 한 달이면 부화하고, 알의 영양으로 생활하는 자어(仔魚)가 되는데, 정어리와는 달라서 청어의 자어는 저층(底層)에서 생활하고 있다. 그 후 청어는 치어(稚魚)가 되면 자력으로 먹이를 잡아 먹으면서 연안해역에서 잠시 생활하다가, 초여름께는 앞바다로 나가서 대회유(大回遊)로 들어간다. 청어는 1년이면 15 cm, 2년이면 22 cm, 5년이면 30 cm, 10~11살이면 35 cm로 성장하고, 그 사이 가을에는 남하하여 월동하고, 봄에 연안으로 접근해서 산란한 뒤 북상하여 북쪽의 냉수해역에서 여름을 보내는 생활을 되풀이한다.

❖ 청어는 왜 감소했는가?

19세기 말에는 일본의 홋카이도나 혼슈(本州) 북부의 연안에 대거 산란을 위해서 접근하곤 했던 청어가 20세기에 들어서자 차츰 감소하여 모습을 볼 수 없게 된지 오래되었다.

이 흉어의 원인은 여러 가지 설이 있다. 우선 어획량의 감소가 눈에 뜨이기 시작한 1926년 일본에서 제출된 보고서에는, 감소의 원인으로서 남획, 해조(海藻)의 과도한 채취, 공업의 발흥(勃興) 등을 들고 있는데, 가장 큰 원인의 하나는 해양상태의 변화, 즉 쓰시마(對馬) 난류의 북상하는 세력이 강해졌기 때문에, 홋카이도 남서 해안의 해수온도가 상승하여 산란장이 없어져 버린 것이라고 말하고 있다. 소련의 연구자들도 태평양을 북상하는 구로시오의 세력이 강해져서 산란장이 북쪽으로 축소된 것도 원인의 하나라고 지적하고 있으며, 게다가 1930년대부터 시작된 유어(幼魚)의 대량 남획이 청어자원의 급속한 감소에 큰 몫을 한 것으로 생각하고 있다.

확실히 해양환경의 변화는 먹이가 되는 생물의 종류와 분포량의 변화에 관계하며, 왕성하게 먹이를 취하는 생장기 청어의 영양축적에 영향을 줄 것이다. 이것은 나아가 어미가 갖는 알의 수나 알의 질적 우수성에도 반영되고, 청어 전체의 번식능력에 영향을 끼치고 있다. 또 산란기에는 산란장의 변화, 부화 직후의 자어(仔魚)의 먹이에 질적 양적 변화를 가져와서, 그 시기에 살아남는 비율에 큰 영향을 미쳐서 청어자원의 변동에 반영되고 있는 것으로 생각된다.

한편 산란할 수 있는 어미고기를 남겨두지 않을 만큼 강한 어획이 오랫동안 계속되면 자원이 감소하는 것은 명백하다. 정어리에 대해서도 마찬가지이지만, 자원감소의 원인에는 인위적인 남획과 자연현상에 의한 해양환경의 변화의 두 가지가 있다. 구·미에서는 남획을, 일본의 연구자들은 환경의 변화를 중시하는 것 같다.

청어도 정어리도 다획성 어종이라고 불리며 어느 정도의 수량 이상으로 잡히지 않으면 채산이 맞지 않는다. 따라서 자원이 일정수준을 밑돌면 그 고기를 목적으로 하는 어업이 모습을 감추고 자원이 보호되는 형태가 된다. 홋카이도의 청어가 지금 그런 상태에 있는 셈인데, 도무지 자원이 회복되지 않고 있다. 청어는 정어리와 마찬가지로 수십 년에서 백 수십 년의 대규모로서 장기적인 자원변동을 되풀이해 왔다. 그래서 해양환경이 호전됐을 때, 청어가 그 자원을 증대시키는 데에 필요한 최저

한의 번식력을 갖추고 있으면 청어자원은 부활하는   것이라고
생각할 수 있다. 그러나 그 때는 사회정세가 바뀌어지고  청어
의 기름이나 비료로서의 용도가 막혀 있기 때문에  청어어업이
산업적으로 정착하기에는 상당한 곤란이 있으리라고 생각된다.

# 10. 정어리는 왜 증가했을까?

### ❖ 자원변동이 큰 정어리

일본인은 예로부터 연안을 돌아다니는 정어리를 어획하고 있었다. 그것은 석기시대의 패총(貝塚)으로부터 정어리의 뼈조각이 발견된 것으로도 증명된다. 또 옛문서에도 어촌생활과 밀착된 정어리의 기록을 볼 수 있다. 그것들에 의하면 1560~1590년경, 1690~1720년경, 1790~1840년경에 풍어시대가 있었고, 정어리의 어획량이 피크를 이루는 간격이 수십 년에서 백수십 년에 이르는 풍어와 흉어가 매우 뚜렷한 대규모의 자원변동을 하고 있다는 것이 제시되어 있다.

그림 1에서 보듯이 이같은 현상은 최근에도 일어나고 있다. 19세기 후반에 침체를 거듭하고 있던 어획량은 1920년대에 들어와서 차츰 증가하여, 1937년에는 피크를 맞이하여 극동수역 전체에서 270만 톤을 기록했다. 그러나 그 이듬해부터 어획량이 급격히 줄어들기 시작하여 1965년에는 불과 900톤으로 되어 당시의 정어리는 "환상의 물고기"로 불리었다. 그러던 것이 1970년대에 들어와서 정어리자원은 다시 증가하기 시작해서, 1981년에는 일본에서의 어획량만도 무려 300만 톤을 웃돌고 있다.

지금까지는 자원량과 어획량을 확실히 구별하지 않고 얘기해 왔는데, 여기서 양자의 차이를 설명한다면, "자원량"이란 바다 속에 분포해 있는 어량의 많고 적음을 말한다. 이 어군에 대해서 어획이라는 활동을 한 결과 얻어진 수확량이 "어획량"인

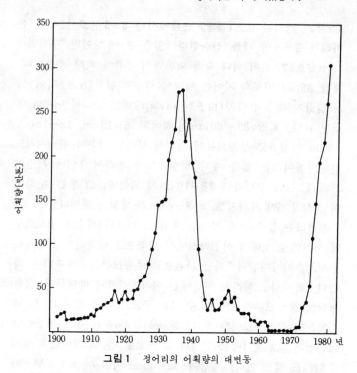

**그림 1** 정어리의 어획량의 대변동

것이다. 같은 자원상태라고 할지라도 어획활동을 위한 노력의 정도에 따라서 어획량이 변화하기 때문에 양자는 반드시 평행 관계에 있는 것은 아니다. 그러나 어획량은 자원량의 대체적인 가늠이라는 것이 경험적으로 알려져 있고, 그것에 따르면 정어리는 자원이 많고 적을 때의 차이가 수천 배에 이르는 어종임을 알 수 있다.

❖ **정어리의 생태**

정어리의 산란기는 남쪽 해역일수록 빨라서 일본의 규슈(九州) 서쪽 해역이나 도사만(土佐灣)은 12~3월, 북쪽의 노토

(能登)주변이나 보소(房總) 근해에서는 3~5월로서, 암컷 한 마리가 2~3만 개를 산란한다. 알은 3~5일이면 부화하며 자어(仔魚)가 되어 바다 속을 떠돌면서 해류에 의해 수송된다. 체장 35mm 이하의 자어는 체표에 색소가 침착(沈着)되어 있지 않았기 때문에 백자(白子 : whitebait)라고 불리어 어획의 대상이 된다. 체장 35~60mm인 치어와 6~12cm, 12~18cm, 18cm 이상으로 성장하는데 따라서 부르는 이름이 달라지기도 한다. 정어리는 젊을 때의 성장속도가 빨라서 1년에 체장이 거의 15cm, 2년이면 18~19cm가 되는데, 그 후는 둔화하여 7살의 수명기까지 고작 3~4cm가 생장할 뿐이다.

정어리는 입을 크게 벌리고 헤엄쳐 다니며, 해수를 입으로부터 아가미로 보내어 아감딱지에서 바깥으로 배출하여 호흡하는 동시, "아가미갈퀴"라는 기관으로 플랑크톤을 여과하여 먹는다. 백자라고 불리는 시절에는 아가미갈퀴가 발달하지 못해서 식물플랑크톤을 선별할 수 있는 구조가 되어 있지 않기 때문에, 먹이는 주로 코페포다(Copepoda ; 요각류)라는 동물플랑크톤이며, 그 초기에는 알이나 유생(幼生)을, 후기에는 성체(成體)를 먹고 있다. 체장이 35~60mm쯤의 시대가 되면 아가미갈퀴도 발달하여 규조(硅藻) 등 식물플랑크톤까지도 먹을 수 있게 된다. 그후 생장하는데 따라서 그 경향이 한층 강해지면서 먹이의 종류도 다양화되어 간다. 정어리의 생식선(生殖腺)은 6~12cm에서는 발달해 있지 않지만, 12~18cm쯤이 되면 차츰 발달하기 시작하여, 일부분은 성숙해지고 18cm 이상이 되면 모두 성어가 되어서 산란에 참가한다.

정어리의 분포해역은 그림2처럼 1930년대의 풍어기는 일본열도 주변뿐 아니라 한국의 동해안, 연해주(沿海州)앞바다, 남사할린 주변까지로 확대했지만, 자원수준이 저하되자 주분포해역이 국소화하여, 1950년 전후에는 일본의 규슈 서해안, 19

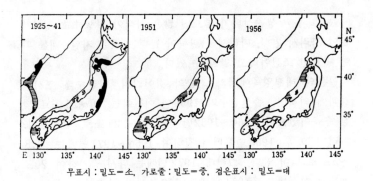

무표시 : 밀도=소, 가로줄 : 밀도=중, 검은표시 : 밀도=대

**그림 2**  정어리어장의 변화

55 년경은 동해의 중·북부, 1959~1962 년에는 태평양 연안의 중·북부해역으로 마치 일본열도를 한 바퀴 돌다시피한 모양으로 이동했다.

### ❖ 자원증대의 방아쇠는 무엇인가?

높은 수준에 있었던 정어리자원이 급격히 감소하거나 그 반대로 증가하거나 하는 원인을 캐는 연구는 예로부터 많은 사람들이 하여 왔다. 그런만큼 여러 설이 있고 아직도 결정적인 정설이 없는 실정이다. 감소와 증가의 원인은 표리의 관계에 있는 것으로, 어느 한쪽이 명확해지면 다른쪽도 저절로 밝혀지게 될 성질의 것으로 생각된다. 사회적으로는 감소기쪽에 관심이 크고 그 원인을 주목하게 되지만, 그 점에 관해서는 감소한 채로 아직 회복되지 않고 있는 청어의 항목에 맡기고, 여기에서는 최근의 정어리의 자원증대의 원인에 관한 연구의 일단을 소개하기로 한다.

바다 속에 산란되는 알의 수가 적으면 당연히 그것으로부터 발생하는 물고기의 양도 적은 셈인데, 반대로 산란량이  많을 때는 그 후의 생존상태가 좋으면 많은 자식이 발생하고, 성어가 많이 자라게 된다. 따라서 산란량이 많다는 것은 자원증대를 위한 필요한 조건이라고 말할 수 있다.

일본의 태평양쪽에서의 최근의 정어리의 산란수를 조사한 결과에 의하면, 총산란수가 1959년 이전에는 10~26조로 낮은 수준이었으나 1960~1962년에는 45~221조로 급증했다. 그러나 그 후 1963년부터 급감하여 1966~1971년에는 0.8 ~5조로 되어 있다. 그런데 1972년에는 다시 증가하여 20조 전후로 회복했고, 1974년에는 150조까지 급증하고 있다.

1962년에 일단 증가를 위한 필요조건을 충족시킨 정어리자원이 증대하지 못했던 원인은, 그해 초부터 1964년에 걸쳐서 일본근해에서 발생한 이상냉수(異常冷水)에 의해서 많은 치어(稚魚)가 죽었기 때문이라고 생각되고 있다. 그렇다면 1974년의 산란수의 비약적인 증가는 무엇이 원인일까?

그것은 1964년 이후 구로시오가 흐르는 길이 사행형[蛇行型, 그림 2(a)]이던 것이, 1972년 봄부터 일본열도의 연안을 따라서 흐르는 직진형[그림 2(b)]으로 바뀌고, 그 결과 정어리의 먹이가 되는 코페포다의 유생(幼生)이 간토(關東) 근해에 풍부

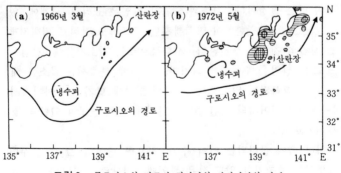

**그림 3** 구로시오의 경로와 정어리의 산란장과의 관계

했기 때문에 백자 등이 많이 살아 남아서 2년 후인 1974년의 산란할 수 있는 암성어의 양이 많아졌기 때문이라고 설명되고 있다. 1972년생인 정어리는 그 후에도 수년간 산란을 계속하여 그것이 오늘날의 자원증가의 방아쇠가 된 것이다.

그러나 한편에서는 위와 같은 해양환경의 변화를 자원변동의 원인이라고 하는 설에 이론도 있다. 즉 정어리는 백자시절부터 성어에 이르기까지 줄곧 어획의 대상이 되어 있어서 어떤 이유로 인간의 어획압력이 완화되었을 때에 자원이 증대한다고 하는 견해이다.

# 11. 물고기를 키우는 재배어업

❖ **물고기를 먹는 일본**

현재 세계의 어업생산량은 7,500만 톤 남짓하며 이 중의 15%에 해당하는 1,100만 톤을 일본이 생산하여 세계 제일의 어업국이 되어 있다.

하천, 호소(湖沼)나 연안에서부터 앞바다, 남빙양(南氷洋) 끝에까지 걸쳐서 어디서나 끊임없이 여러 가지 어업이 행해지고 있다.

이 1,100만 톤 중 약 70%에 해당하는 750만 톤이 식용으로 사용되고, 나머지는 사료, 비료, 어업용 사료로 사용된다. 여기에다 수출입에 의한 드나듦을 감안하여 인구수로 나누어 보면, 일본인은 1인당 매일 약 200g의 수산물을 식용으로 사용하는 계산이 된다.

이 숫자에는 머리, 뼈, 지느러미, 내장, 딱딱한 등껍질, 조개껍질 등의 먹지 못할 부분까지 포함된 것으로서, 먹을 수 있는 부분은 어종에 따라서 다르지만, 생선에서는 40~80%, 오징어나 문어에서는 60~80%, 조개류에서는 15~40%, 게류에서는 30~40%, 새우류에서는 40~60%, 해조(海藻)류에서는 100%로 되어 있으므로 실제로는 100g 남짓을 먹고 있는 꼴이 된다.

일본인만큼 식생활에 변화가 많은 국민은 세계에서도 그 예가 없다고 한다. 이것도 이같이 풍부한 수산물에 힘입는바 크다. 주식으로 곡류를 취함에 따라서 소화관이 길어지고, 서양인에 비해서 약간 허리가 긴 체구로 되어 있는 것은 부정할 수 없는 사실이지만, 소, 돼지, 양, 닭을 주체로 하는 서양의 식생활과는 달리, 맛이 풍요로운 식생활을 누리고 있다고  하겠다.

그 수산물에 포함되는 것은 어류 외에도 고래, 돌고래 등의 포유류, 자라, 거북 등의 파충류, 식용개구리와 같은 양서류, 칠성장어같은 무악류(無顎類), 산리쿠(三陸)지방의 원색(原索)동물인 우렁쉥이, 널리 식용되고 있는 극피(棘皮)동물인 해삼, 성게, 아리아케 바다(有明海)의 진미(珍味)로 유명한 의연체(擬軟體)동물인 개맛, 절족(節足)동물인 새우, 게, 연체동물인 오징어, 문어, 조개, 산리쿠(三陸)북부에서 식용되는  갯지네의 무리로서 환형(環形)동물에 속하는 안점꽃갯지렁이, 강장(腔腸)동물인 해파리, 아리아케바다의 진미(珍味)인 말미잘 등의  동물 외에도 파래, 강리(꼬시래기), 김, 미역, 다시마 등의 해조류(海藻類)까지 매우 다채롭게 식용되고 있다.  도쿄도(東京都)중앙도매시장의 연보(年報)에 기록된 수산물의 종류만  해도 120종에 이르고 있다.

더구나 이들은 그 각각이 소와 돼지만큼이나 맛이 다르고, 게다가 계절과 노약(老若), 암수, 산지 등에 따라서 맛이 제각기 달라서 서양요리처럼 다채로운 향신료를 쓰지 않아도  되므로 격차가 크다고 할 것이다.

### ❖ 일본이기에 가능했던 발상 : " 재배어업 "

이같이 어식 문화국(魚食文化國)이라고 할 수 있는 일본의 어업을 둘러싼 환경이 최근에 와서는 좀 이상해졌다.  200해리시대의 도래로 외국의 200해리 내에서 총어획량의 약 1/3을 잡고 있던 일본은, 자유로운 조업을 할 수 없거나, 어업용 연료, 기자재(機資材)의 가격 앙등, 연안의 매립, 오염 등의 요인으로

앞날이 우려되는 시대에 와 있다.

이런 조짐이 보이기 시작한 1962년에 일본 정부는 "재배어업(栽培漁業)"이라고 하는 당시로서는 일반인은 물론 수산관계자조차 이해하기 어려운 신조어(新造語)를 등장시켜 예산화하고, 이듬해인 1963년에는 세토 나이카이(瀬戸内海) 가가와현(香川縣) 야시마(屋島)와 에히메현(愛媛縣) 하카타섬(伯方島)에 "재배어업 센터"라는 것을 건설했다.

지금은 사전이나 국민학교 교과서에도 나오고 법률용어로도 쓰이고 있는 재배어업도 당시는 반신반의하는 사람이 많았던 것 같다.

먹느냐 먹히느냐고 하는 경쟁사회는 인간사회에서도 준엄한 것이지만, 바다 속에서는 이것이 한층 더 장렬하게 이루어지고 있다. 생물은 죽는 수에 버금가는 수 만큼의 알과 치자어를 낳는다고 한다. 억 단위의 알을 낳는 개복치도 수천만 개를 낳는 다랑어도, 수백만 개를 낳는 도미도, 수십만 개의 알을 낳는 전갱이도, 수만 개의 알을 낳는 청어나 정어리도, 수천 개의 알을 낳는 연어와 송어도, 수백 개의 알을 낳는 미꾸라지도 모두 성어가 되어 산란을 할 수 있게 되기까지에는 두 마리 안팎만이 살아남게 되어 있다.

대량으로 산란된 통상 1mm전후의 알도 대부분은 금방 다른 생물의 먹이로 잡혀 먹히거나, 좋은 먹이를 만나지 못하거나 적합하지 못한 환경의 수역으로 운반되거나 하여, 자치어의 시절까지 태반이 죽어버린다.

이 다산(多産)이라고 하는 큰 특징과 자치어시절에 생기는 대량사망이라는 수산동물 특유의 생물현상에 착안하여, 가장 소모가 많은 자치어의 시기를 인간의 손으로 무사히 넘기게 하여, 다시 바다로 보내 주려는 것이, 이른바 지금의 재배어업의 기본적인 생각인 것이다.

재배어업의 선구자는 무어라고 해도 연어와 송어이다. 일본에서는 메이지(明治)이래 100 년의 역사를 갖는 연어, 송어의 방류사업은, 현재 연간 방류량이 10 억 마리를 넘으며, 일본의 하천으로 되돌아오는 연어의 대부분은, 인공부화에 의해서 방류한 것이 3년 이상이나 걸려서 성장하며 태어난 하천으로 되돌아온 것이다. 현재는 연간 어획량이 10 만 톤을 넘는 사상 최고의 어획량이 되었고 따라서 값도 대중화가 가능해졌다.

이 뒤를 따르는 것으로는 가리비가 있다. 자연적으로 부화하여 바다 속을 떠돌아다니고 있는 유생(幼生)을 그물로 된 주머니같은 것으로 바다 속에 매어달아 두고, 조개새끼를 부착시켜 확보한 다음, 이것을 좋은 어장에 방류해서 천연 플랑크톤을 먹고 자란 것을 어획하는 방식으로 하고 있다. 이것도 어획량이 해마다 증가하여, 이제는 약 10만 톤에 이르러, 양식(養殖)과 합쳐서 약 15만 톤으로 꽁치의 어획량과 맞먹는 수량이 되었다.

연어는 모천회귀(母川回歸)라고 하는 성질이 있으며, 또 가리비나 전복은 방류한 지점으로부터 그다지 이동하지 않는 생물이지만, 방류지점으로 되돌아 온다는 보장이 없는 보리새우, 참돔 등도 최근에는 100만~1억 마리 단위의 종묘(種苗)생산이 풀장과 같은 큰 연못을 써서 가능하게 되었다. 식물플랑크톤을 번식시켜서 이것을 먹이로 하여 동물성 플랑크톤인 0.2mm 정도 크기의 윤충류(輪虫類)를 번식시켜, 이것을 먹이로 하여 겨우 목적하는 종묘(種苗)를 양식하는 절차를 거쳐서 방류하고 있다. 이들을 대량으로 집중적으로 방류하고 있는 곳에서는 방류장소로 되돌아 온다는 보장은 없지만, 그래도 확실히 어획량이 증가하고 있다. 이 밖에도 표1에 보인 것처럼 현재 100만 마리 정도의 방류가 행해지고 있는 어종은 10 종류 이상이다. 언젠가는 사람의 손으로 키워져서 바다에서 독립해서 자란

| 어종이름 | 방류수량[천 마리] |
|---|---|
| 흑돔 | 1,955 |
| 참돔 | 12,044 |
| 넙치 | 1,156 |
| 보리새우 | 302,138 |
| 칼새우 | 19,193 |
| 꽃게 | 11,212 |
| 전복류 | 12,074 |
| 수랑 | 2,627 |
| 피조개 | 3,137 |
| 큰가라비 | 2,127,447 |
| 성게류 | 16,717 |
| 해삼 | 2,251 |

표 1　주된 어종의 방류상황
(1967년)

[일본 수산청·일본재배어업협회 발간 : 재배어업
종묘생산, 입수, 방류자료]

이들 생선이 식탁에 올라올 것이다. 이같은 일은 다른 나라에
서는 하지 않는 수산국 일본의 자랑할 만한 독창적인 사업이다.

재배어업은 이같이 키운 치자어를 다시 바다로 놓아주어 일
단은 임자가 없는 무주물(無主物)로 만들어, 자연의 풍부한 생
산력을 이용해서 대상으로 하는 쓸모있는 수산생물을 성장시
키는 방법인데, 위에서 말한 종묘방류(種苗放流)와 더불어, 방
류한 유·치·자어가 잘 자랄 수 있게 어초(魚礁)를 설치하거
나, 해중숲(海中林)의 조성, 산란장의 조성 등 여러 가지 사업
도 하고 있다.

아무리 훌륭한 발상으로, 아무리 많은 돈을 들여서 어류를
증식시켜도 이것을 잘 관리하고 키우지 않는 한, 자원의 효율
적인 이용은 바랄 수가 없다. 어업에 종사하는 사람도 바다에
서 낚시를 즐기는 사람도 이 점을 명심해야 할 시대가 되었다.

# 12. 남극보리새우

❖ 남극새우란 ?

남극새우란 게나 새우와 마찬가지로 갑각류의 한 분류군(分類群)에 속한다. 젓갈을 담그는 곤쟁이와 매우 비슷한 형태를 하고 있다. 곤쟁이류는 연안이나 내해에 분포하는 종류가 많고 우리 식탁에도 오르지만, 남극새우류는 외양성(外洋性)인 종류가 많고 담수나 기수(汽水)에는 분포하지 않는 생물이다.

그러나 남극새우류는 인류와 전혀 연분이 없는 생물이 아니다. 그것은 남극새우류가 해양생물로서는 가장 양이 많은 종류의 하나라는 것과, 예로부터 큰고래나 바다표범, 어류 등 인류에게 유용한 생물의 먹이로서 잘 알려져 있었다는 점으로 알수 있다.

스코틀랜드의 피요르드에는 남극새우의 일종이 분포해 있는데 게르말의 "검은 눈"이라는 뜻을 지닌 말이 이·남극새우의 명칭으로 되었다고 한다. 노르웨이의 포경관계자들 사이에는 일반적으로 큰고래의 먹이가 되는 새우모양의 갑각류에「Kri-ll」이라는 말을 사용하고 있었다. 이 말은 지금은 국제어가 되어서 영어사전에도 수록되어 있다. 수염고래의 먹이가 되는 남극새우류는「Krill」인데, 북대서양에서는 '대형 Krill', '소형 Krill'로 어느 정도 종류까지 나뉘어 있었다. 큰 소라게의 무리로 플랑크톤으로서 캘리포니아 앞바다와 파타고니아해역에 분포하며 큰고래류의 먹이가 되는 새우와 비슷한 모양의 종류는「Lobster Krill」이라고 명명되어 있다.

**그림 1** 남극보리새우의 성체(체장 5cm)

남극새우류는 전세계의 해양으로부터 90종 가까이가 보고되어 있다. 대형 심해종에서는 15 cm 이상인 것도 있지만, 보통은 20mm 정도이고, 소형종에서는 5mm의 작은 것도 있다.

❖ **남극새우의 세계**

과거 남극해가 대형 큰고래의 좋은 어장이었고, 10개 선단 이상을 웃도는 포경선단이 출어하여 이른바 포경 올림픽이 화려하게 치루어지고 있었던 것도 그리 옛날 일이 아니다. 남극해에 왜 대형 큰고래——흰긴수염고래, 긴수염고래, 흑등고래 등이 모여 들었는가 하면, 남극새우의 일종인 남극보리새우(*Euphausia superba*)라고 불리는 종류가 대량으로 서식하고 있었기 때문이다.

왜 큰고래가 남극해를 돌아다니면서 남극보리새우를 먹이로 섭취하는가에 대해서는 두 가지 이유가 있다. 하나는 이 해역의 남극보리새우의 양이 방대하다는 것과 또 그것이 빽빽하게 떼를 지어 있다는 점이다. 큰고래류는 커다란 입을 벌여서 남극보리새우떼를 통채로 삼켜 버리는데, 만약 먹이가 물 속에 조금밖에 없다면, 큰고래가 먹이를 잡아 먹기 위해서 소비하는 에너지와 얻어진 먹이의 에너지가 균형을 잃어 굶어 죽게 된다.

남극보리새우는 몸길이가 50 mm에 이르는 남극해 고유의 남극새우로서, 남극해의 여름철에는 두드러지게 빠른 성장을 보인다. 이것은 남극해의 여름철에 그 먹이가 되는 식물플랑크톤이 두드러지게 증식하기 때문이며, 이까지는 종전의 지식과 거의 같지만, 최근의 연구로 다음과 같은 매우 흥미있는 사실이 밝혀졌다. 현재 남극해에서 '바이오마스(BIOMASS)계획'이라고 하는 국제 공동연구가 진행 중이다. 이것은 남극보리새우를 건생물(鍵生物 : hey-livings)로 하는 남극해의 생태계와 그 생물자원에 관한 연구로서 일본, 미국, 영국, 서독, 프랑스, 남아프리카, 폴란드, 오스트레일리아, 아르헨티나, 칠레, 소련 등 세계의 12개국이 참여하여 행해지고 있다.

이 계획의 촛점 중의 하나는 남극보리새우의 현존량과 생태를 해석하는 데에 있다. 많은 연구성과에 의하면 남극보리새우는 전에는 2년이 걸려서 성적(性的)으로 성숙하여 산란하는 것으로 생각되고 있었는데, 사실은 3년 이상을 생존한다는 것이 실험결과로 밝혀졌다. 특히 재미있는 일은 갑각류인데도 불구하고 탈피(脫皮)에 의해서 체장이 수축하거나, 외부생식기(外部生殖器)가 퇴화하는 예가 관찰되었다는 점이다. 보통 갑각류는 딱딱한 껍질을 갖고 있어서 몸체의 연속적인 증대가 불가능하여, 탈피해서 껍질이 연한 동안에 대형화하는 일을 되풀이하여 성장한다.

남극보리새우는 종전의 성장에 관한 연구에 의해서도, 겨울동안은 두드러지게 성장이 나빠서 거의 몸체가 커지지 않는다는 것이 보고되고 있었다. 그러나 사육 중의 먹이량의 조절에 의해서 탈피 때의 체장이 수축되고, 또 외부생식기의 퇴화도 인정되었다. 이것은 남극해라고 하는 저온, 저조도(底照度)인 극한조건 아래서 사는 생물로서 환경의 악화, 특히 먹이생물의 조건에 따라서 성장 또는 퇴화를 되풀이하면서 끈질기게 생존

사진 1  남극보리새우의 유영군

을 계속하는 생물로서, 이같은 적응을 한다는 것은 매우 흥미
있는 일이다.

남극보리새우는 또 3개월 정도의 절식에도 견디며 생존한다
는 것이 사육실험의 결과 밝혀졌다. 남극해의 여름은 태양이
거의 가라앉지 않고 식물플랑크톤이 왕성하게 증식하지만, 겨
울에는 밤이 계속되고, 먹이가 되는 식물플랑크톤이 거의 나타
나지 않는 해역도 생긴다. 이러한 섭이(攝餌)환경에서의 성장
은 조건이 좋으면 2년 정도, 나쁜 조건이 겹쳐지더라도 4년
정도이면 성숙하는 성질을 지녔다는 것은 개체군(個體群)을 유
지시켜 나가는 위에서 효과적일 것이다.

❖ **남극보리새우의 먹이**

남극보리새우의 먹이는 방금 말한 것처럼 식물플랑크톤이다.
눈 바로 뒤에 있는 위장에는 언제나 녹색 규조(硅藻)나 소형 식물플랑크톤이 가득 차 있다. 해양에서의 유기물의 제 1 차 생산은 이들 식물에 의해서 이루어지므로 남극해의 먹이연쇄, 즉 식물플랑크톤 → 남극보리새우 → 큰고래의 사슬은 세계의 해양에서 가장 짧은 것이 된다. 큰고래가 줄어들자  남극보리새우가 해양생물자원으로서 주목을 받는 것도 바로 이 점에 있다.  영양단계를 한 단계 낮추어서 생각하면 그만큼 큰 생물량이 어획될 것이라고 기대되기 때문이다.

지금 남극해에서는 일본, 소련의 어선이 시험적으로 남극보리새우 어업을 계속하고 있다. 특히 소련은 1981 년에는 약 50 척의 어선단으로 조업하였고, 남극해의 먹이연쇄는 식물플랑크톤 → 남극보리새우 → 소련인이라는 말조차 나왔었다고 한다. 현재 처리적(處理的)으로 문제가 되고 있는 자기소화(自己消化)의 속도나 육질부분이 적은(꼬리의 좋은 육질은 몸 전체의 약 15%) 점 등에 대해서도 이용·가공방법이 확립된다면 남극의 해양생물자원의 하나로서 중요한 위치를 차지하게 될 것이다.

# 13. 플랑크톤은 인류의 식량이 될 수 있는가?

❖ **해양 생물자원의 동향**

세계에서 어획된 생물의 양은 100년 전에는 고래류까지 포함해도 불과 200만 톤 정도였다는 추정값이 있다. 이어서 1900년대로 들어오면 2배가 되고, 그 뒤부터는 계속 증가하여 1950년에는 4,000만 톤, 1970년에는 7,000만 톤에 달했다. 앞으로 세계 인구의 증가를 생각하면 인류는 해양으로부터의 생물자원의 어획을 더욱 기대해야 할 것이라고 생각된다.

그런데 어업이 활발해지면서 넙치 등 저서어류나, 연어, 송어류, 다랑어류 등의 중요한 어종은 그 자원의 감소가 인정되어, 국제적으로 엄중한 자원관리 아래 두어지고 어획에 대한 규제가 강화되고 있다. 이같이 자원적으로 감소가 인정되는 어류는 그 식위치(食位置)가 높은, 즉 제1차 생산자인 식물플랑크톤으로부터 몇몇 영양단계를 거쳐 온 위치에 있는 생물이다.

이에 대해서 세계의 해양에서 가장 다량으로 어획되는 어종은, 연도에 따라서 변동은 있지만 어느 경우에도 영양단계가 낮은 어종이다. 페루앞바다의 멸치의 일종, 명태, 청어, 바다에서 나는 아이누어로 '시샤모'라고 불리는 유엽어(柳葉魚)의 일종 등이 다획어종(多獲魚種)이고, 여기에 정어리, 고등어의 무리가 뒤따르고 있다. 모두 식물플랑크톤이나 식식성(食植性)인 동물플랑크톤을 먹이로 하는 종류이다.

## ❖ 생물자원으로서의 플랑크톤

해양의 생물자원을 양적으로 살펴보면 영양단계가 낮은 종이 많다는 일반적인 경향이 있다. 따라서 만일 해양의 생물생산의 바탕이 되는 플랑크톤이 생물자원, 특히 인류의 식량자원으로 개발된다면 전망이 매우 밝아질 것이다. 제2차 세계대전 후 이같은 관점에서 성장기간이 짧고 증식속도가 빠른 플랑크톤에 관심이 쏠리었던 시기가 있었다. 일본에서도 클로렐라(Chlorella)라고 불리는 단세포의 식물플랑크톤을 대량으로 배양하여 식량이나 약품으로 개발하려는 시도가 있었던 것은 기억에 새로울 것이라고 생각된다.

플랑크톤이 인류의 생물자원으로서 쓸모있게 쓰이려면 적어도 다음의 두 가지 조건이 필요하다. 하나는 인류가 플랑크톤으로부터 직접 식량으로서 또는 간접적으로 사육동물의 먹이, 약품 등 쓸모있는 물질을 만들 수 있느냐고 하는 문제와 또 필요한 양을 채취할 수 있느냐고 하는 문제이다. 해양에서 플랑크톤은 식물성, 동물성이 모두 모든 해양동물의 먹이의 출발점이 되는 생물군이므로 그 자체의 양은 방대한 것이다. 그러나 인류에게 필요한 양을 쉽게 어획할 수 있느냐고 하는 점은 상

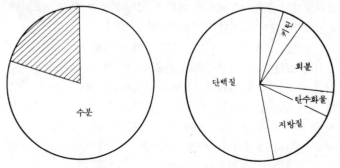

좌는 몸의 수분, 우는 마른 중량에 대한 각 성분의 비율

**그림 1** 남극보리새우의 성분의 한 예

당히 곤란한 문제이다. 이같은 관점에서 현재 이용되고 있거나 개발이 시도되고 있는 플랑크톤으로는 다음의 종류가 있다.

### ❖ 인류가 이용 가능하다고 생각되는 플랑크톤

식물플랑크톤의 현존량(現存量)은 매우 크지만, 위에서 말했듯이 채취와 어획 후에 얻어지는 제품에 문제가 있어서 현실적으로는 동물플랑크톤에 한정된다. 세계 각국에서 인류가 이미 이용하고 있는 종으로서, 일본에서는 식용으로 곤쟁이류의 몇 가지(일본곤쟁이 등), 젓새우, 벚새우가 어획되고 있다. 중국요리에 쓰이는 해파리도 플랑크톤의 한 무리다. 현재 주목을 받고 있는 것은 남극보리새우 및 캘리포니아나 남반구의 연안부에 분포해 있는 플랑크톤성 소라게의 한 무리일 것이다.

1차생산량, 어군탐지기에 의한 남극새우떼의 해석 등으로부터 수억~수십억 톤 정도의 양이 현존하는 것으로 생각된다. 만일 남극보리새우를 대상으로 하여 어업을 할 경우, 어느 정도까지 어획이 가능할까 하는 점에 대해서는 아직 확실한 추정값이 없지만, 전체량의 5~10% 정도의 어획은 자원적으로나 생태계에도 거의 영향을 끼치지 않고 채취가 가능하리라고 생각되므로, 현재의 세계의 어획생산고 약 1억 톤과 비교하더라도 그 자원이 얼마나 많은가를 알 수 있다.

현재 일본, 소련을 비롯한 몇몇 나라에서 이 어업개발을 계속하고 있다. 남극보리새우의 분포상태에 미루어 보아서 어디서나 잡히는 것은 아니며, 분쟁으로 알려진 포클랜드섬 남쪽의 스코샤나 오스트레일리아 남쪽 해역, 인도양 남쪽 해역 등이 좋은 어장일 것이다. 1980년 경부터 남극의 조사선이, 소련의 선단이 스코샤해에서 모선과 함께 50여 척이나 조업하고 있는 것과 자주 마주친다고 한다.

이용방법으로는 어느 나라나 아직 시험단계를 벗어나지 못한

것 같으며, 일본에서는 일부 속살 그대로를 사용하는 식품제
품 외에 여러 가지 식품으로의 가공이용이 검토되고 있다. 소
련에서 오케안이라는 상품이름으로 불리는 생선반죽을 만들고
있는 것을 비롯하여 굵은 가루로서 산업에 사용하려는 시도가
소련, 일본, 서독, 폴란드, 칠레 등에서 추진되고 있다.

# 14. 낯선 새 생선

## ❖ 입장이 뒤바뀐 수산물

일본의 수산물은 과거 수출의 인기품목이었다.  불과 20년 남짓 전인 1950년대만 해도 총수출액의 5 ~ 10%를 차지했던 수산물이 최근에는 자동차, 전기제품의 두드러진 신장에  밀려서 불과 0.8% 정도로 되어버렸다.

한편 수입은 이것과 반대로, 당시 총수입액의 0.2~1.1%였던 것이 최근에는 3~4%대가 되었고, 수출이 수입의  2배였던 것이 1971년을 경계로 역전하여, 수산왕국이던 일본도 수산물 수출액의 4배나 되는 수산물을 외국으로부터 수입하고 있다.  수산물의 수입액으로는 미국과 선두다툼을 하고 있으며, 수출몫을 뺀 수입초과액으로는 세계 제1의 수산물  수입국이 되었다.  이것은 중, 고급 수산물의 어획량이 상대적으로  감소한 탓도 있지만, 생활수준의 향상에 따르는 국민의  수요 변화가 주원인이다.

일본의 수출공세가 원인이 되어 여기 저기에서  대일 무역 바람이 생기고 있는 작금, 수산물은 여러 외국에게는  대일무역 우량품목이 되었다.  수량으로 쳐서 120만 톤, 금액으로는 1조 엔을 넘는 수산물이 수입되고 있으므로 일본 전국의 어시장과 어물전, 수퍼나 마킷 등에서도 온 세계의 생선이  늘어서게 되었다.

❖ **옛날의 영광은 어디로?**

우동, 메밀국수와 더불어 일본식 외식(外食)산업의 왕자, 생선초밥을 먹으러 갔다고 치자. 값이 적당한 가게로 들어가서 카운터에 앉아 다랑어의 붉은살을 주문했다고 하자. 보통의 초밥집에서는 눈다랑어를 많이 쓰는 듯한데, 이것도 일본근해에서는 적어져서 지금은 중동태평양, 또는 남동태평양 근처가 주어장으로 되어 있어서, 일본어선도 적자를 무릅쓰고 출어하고 있는 것 같은데 이 다랑어도 개발도상국의 어선에 잡혀서 수입된 것이 많은 것 같다.

이 밖에도 초밥집의 재료에도 많은 수입품을 볼 수 있다. 몇 가지를 들어 보자.

새우는 인도와 인도네시아산이 많은 것 같다. 보리새우류의 수입량은 연간 6~8만 톤에 이르고, 초밥감은 마리당 50g정도이므로 국민 한 사람당 연간 10마리 이상이 된다.

흰살의 대표격인 돔을 살펴보자. 일본에서는 제철이 아닌 여름에도 기름이 오른 싱싱한 좋은 재료인데, 그도 그럴 것이 남십자성을 북천에 쳐다보는 오스트레일리아나 뉴질랜드로부터 항공화물로 실려 온 호주참돔이다.

오징어를 주문하면 한국이나 태국 또는 스페인이나 모로코로부터의 "외인부대"이다. 토로(다랑어의 기름기가 많은 살)도 캐나다, 미국산의 공수품, 오스트레일리아산의 전복, 아일랜드산의 말린 청어알, 미국산 이크라(ikra : 연어, 송어의 알을 소금에 절인 것), 캐나다산 성게에다, 문어는 스페인, 김이나 피조개도 한국, 예로부터 일본인이 좋아하던 전갱이도 네덜란드산, 알게 모르게 온 세계의 어개류를 먹고 있는 꼴이 되었다.

❖ **수입어의 여러 가지**

표 1에 최근의 수입생선의 베스트 텐을 들어 보았다.

표 1  일본의 수입어의 베스트 텐(1982년)
〔수산청 · 수산무역통계〕

| 순위 | 수입량순 | | 수입액순 | |
|---|---|---|---|---|
| | 어종이름 | 양〔톤〕 | 어종이름 | 금액〔백만엔〕 |
| 1 | 새우류 | 158,120 | 새우류 | 341,643 |
| 2 | 참다랑어 · 새치다래류 | 115,274 | 연어 · 송어류 | 108,240 |
| 3 | 연어 · 송어류 | 107,723 | 참다랑어 · 새치다래류 | 81,514 |
| 4 | 오징어류 | 98,334 | 오징어류 | 64,822 |
| 5 | 문어류 | 92,794 | 게류 | 34,486 |
| 6 | 청어류 | 59,918 | 문어류 | 33,567 |
| 7 | 대구류 | 35,952 | 청어알 | 27,695 |
| 8 | 물호랑이류 | 33,966 | 연어 · 송어알 | 26,480 |
| 9 | 게류 | 23,394 | 대구알 | 19,780 |
| 10 | 전갱이류 | 21,554 | 청어류 | 18,699 |

주) 가다랭이건어. 기타 깡통들이 등의 조제품은 제외

현재 수입되고 있는 어류는 일본인이 예로부터 맛들인 어개류이거나 또는 그것과 흡사한 생선이 많은 것 같다. 참돔과 흡사한 호주참돔, 아프리카참돔, 유럽참돔, 전갱이도 뉴질랜드 참전갱이 등이 들어와서 건어물로 만들어지기도 하는데 이것들은 전문가가 보아도 구별하기 어려울 만큼 비슷하다.

또 태평양돔의 대용품으로서 빨갱이라고 불리는 근연종(近緣種)도 수퍼의 단골이 되었고, 남지나해로부터 인도양에 걸쳐서 잡히는 샛돔에 가까운 둥근샛돔, 북미산 박새도 있다.

어류뿐이 아니다. 수퍼 등에서 볼 수 있는 포장물이나 미리 조리가 되어 있는 대하의 대부분은 쿠바, 오스트레일리아, 나미비아 등지에서 수입된 것으로 일본의 대하와 엇비슷한 종류이다. 국산 대하는 산채로 거래되어 "윗자리"에 모셔지는 특별취급을 받고 있다.

일본에서는 최근에 정초의 장식용으로 등껍질이나 다리에 맵시있는 물방울무늬가 있는 외국산 소형 대하가 등장하기 시작

했다. 또 설날에 쓰는 문어도 스페인이나 모로코, 모리타니아,
리비아의 것이 많아진 것 같다. 전복도 오스트레일리아, 칠레,
캐나다로부터 1,000톤 남짓, 25억 엔 정도의 것이 수입되고
있다. 이것들은 일반인은 식별하기 어렵고 맛과 딱딱하기가 약
간 다를 정도여서 예로부터 있던 것인지, 새로 선을 보인 것인
지 구분이 되지 않는다.

#### ❖ 서양이름의 새얼굴

최근의 또 하나의 특징은 일본근해에는 없는 생선을 ○○돔,
××전갱이라고 부르지 않고, 현지의 호칭이나 학명으로 유통
시키고 있는 어류가 나타난 점이다. 대구에 가까운 무리로 스
페인요리에 자주 쓰이는 메를루저(merluza, 10여 종이 있다), 블
루화이팅(blue whiting), 헤이크(hake), 샛돔과 가까운 실버(sil-
ver), 바다메기에 가까운 링(ling), 다랑어에 가까운 아로츠너
스 등 프로레슬링 선수와도 같은 링네임으로 등장하고 있다.

이들 뉴 페이스의 큰 특징은 값이 알맞고, 기름이 적당히 올
라 있는데다 맛에도 결점이 없어서 급식이나 식품산업에도 도
입되어 있어, 아이들이나 젊은이는 대구보다 메를루저같은 것
을 더 좋아하고 있다.

특히 최근에 해양 수산자원 개발센터 등이 중심이 되어 어장
이나 어획법의 개발을 추진하고 있는 다랑어와 가까운 아로츠
너스는 지방도 많고 자원량도 비교적 풍부하여 멀지 않아 생선
초밥집에도 등장할 것이다.

이 아로츠너스에서 볼 수 있듯이 일본의 어선단도 수입어만
판을 치게 하지는 않는 모양으로 남극보리새우, 하와이 북쪽의
사자구 등을 직접 어획하고 있어 이미 시장에도 나돌고 있다.

200해리 시대의 도래로 세계의 바다를 제패하고 있던 일본
의 어업도, 이제는 탈바꿈을 강요당하고 있다. 하지만 어식민

족(魚食民族)의 피가 쉽게 묽어지지 않을 것 같은데다, 일본인의 급격한 평균수명의 신장에서부터 암시를 얻은 구미 선도형의 「생선은 건강식」붐의 일본으로의 역수입도 예상되므로, 앞으로 더욱 낯선 '새얼굴의 생선'이 등장할 것으로 생각된다.

# 15. 북양의 연어 ─ 미식가의 여행

동양과 서양을 막론하고 연어는 예로부터 인간과의 관계가 가장 깊은 생선의 하나이다. 연어는 하천에서 태어나서 이윽고 바다로 내려가, 외적과 싸우면서 대양을 크게 회유하여 씩씩하게 자란 다음 다시 태어난 하천으로 되돌아 온다. 일본인에게 친숙한 흰연어는(*Oncorhychus heta*)는 3~4년이면 하천으로 되돌아 오는데, 도대체 연어는 그 동안 무엇을 먹고 지낼까?

### ❖ 하천에서의 식성

대부분의 하천에서 자연의 모습이 파괴되어 버렸기 때문에, 최근 일본에서는 자연산란 대신 어디서나 인공부화를 시키고 있다. 겨울동안 연어, 송어의 부화장에서 사육된 치어(체장 약 4 cm 전후)는 봄이 되면 일본 북부(北部) 각지의 하천으로 방류된다. 연어의 치어는 부화장에서는 배합사료를 먹고 자랐으나, 방류 직후부터는 하천에 존재하는 천연 먹이를 포식해야 한다. 표 1 에 일본의 이와테현 산리쿠(岩手縣三陸)의 오쓰치강(大槌川)에서 잡힌 연어의 치어(稚魚)가 지닌 위장 속의 내용물을 보여 두었다.

이것을 보고 알 수 있듯이 깔따구, 하루살이, 잠자리, 강도래, 날도래 등 수생곤충(水生昆虫)의 유생이 치어의 가장 중요한 먹이로 되어 있다. 그 중에서도 깔따구의 유생은 연어가 좋아하는 먹이이다. 이 시기가 되면 연어의 시각(視覺)이 발달해 있기 때문에, 먹이를 포획하는 것은 주로 낮이다. 또 등각류

표 1 오쓰치강에서 잡힌 연어의 치어 위 속에 있은 내용물

| 채집한 점수 | B | B | C | C |
|---|---|---|---|---|
| 검체 마리수 | 33 | 44 | 9 | 27 |
| 수생곤충 (Aquatic insect) | | | | |
| 파리목 (Diptera) | 1.2(15.4) | 11.9(67.6) | 12.8(73.1) | 7.4(58.7) |
| 하루살이목 (Ephemeroptera) | 0.5( 6.4) | 0.1( 0.6) | 0.2( 1.2) | 0.3( 2.4) |
| 잠자리목 (Odonata) | | 0.2( 1.1) | | 0.3( 2.4) |
| 강도래목 (Plecoptera) | 1.6(20.5) | 1.0( 5.7) | | 0.5( 4.0) |
| 날도래목 (Trichoptera) | 0.1( 1.3) | | 0.3( 1.7) | 0.1( 0.8) |
| 불명 | 0.6( 7.7) | 0.9( 5.1) | 1.0( 5.7) | 1.0( 7.9) |
| 탈피각 (Exuvium) | 1.5( 1.3) | 2.2(12.5) | 1.7( 9.7) | 2.4(19.0) |
| 진드기류 (Acarina) | 0.1( 1.3) | | | |
| 단각류 (Amphipoda) | | | | |
| *Gammarus* | | + | | |
| 지각류 (Cladocera) | | | | |
| *Daphnia* spp. | 0.1( 1.3) | | | 0.1( 1.3) |
| 요각류 (Copepoda) | 1.5(19.2) | | 0.7( 4.0) | 0.2( 1.6) |
| 낙하곤충 (Land insect) | 0.2( 2.6) | 0.3( 1.7) | 0.6( 3.4) | 0.1( 0.8) |
| 등각류 (Isopoda) | | | | |
| 물벌레 (*Asellus hilgendorfi*) | 0.4( 5.1) | 1.0( 5.7) | 0.2( 1.2) | 0.1( 0.8) |
| 자어 (Fish larvae) | | | | 0.1( 0.8) |
| 치어 1마리당 평균 포식 먹이생물수 | 7.8 | 17.6 | 17.5 | 12.6 |

괄호 안의 숫자는 100분율(%)을 가리킴. +는 0.1미만    B는 상류    C는 하류

(等脚類)의 딱부리물벌레(*Asellus hilgendorfi*)도 중요한 먹이의 하나인데, 물벌레는 기생충인 구두충(鉤頭虫)의 중간숙주이기 때문에, 이 결과 연어의 치어도 기생충에 감염되어 버린다.

방류지점으로부터 하구까지의 거리가 길면 무지개송어, 꾹저구, 검정망둑, 둑중개 등 외적에게 포식당하는 기회가 많아지고 그 양도 적지 않다. 부화장이라고 하는 온실에서 성장한 연어의 치어도 방류 직후부터는 냉엄한 자연계의 생존경쟁이라는 룰을 따라야만 하는 것이다.

❖ 바다에서의 식성

하구까지 내려온 연어는 여기서 해수에 적응하게 되는데, 이 시기에는 하구주변에 서식하는 근저서생물(近底棲生物 : Epiben-thic animal)이 주된 먹이가 된다. 하구의 기수역(汽水域)에는 소형 요각류 등의 동물플랑크톤이 많이 서식하고 있는데도, 연어의 치어는 선택적으로 근저서(近底棲)생물을 포식하고 있다. 왜 이런 일이 일어날까?

그것은 근저서생물과 플랑크톤의 행동력, 즉 유영력에도 관계가 있다. 하천에서 수생곤충(水生昆虫) 등의 유하(流下) 동물을 먹이로 했던 연어 치어도 하구에 도달하고부터는 당연히 다른 먹이를 찾아야 한다. 그래서 힘차게 헤엄쳐 돌아다니는 플랑크톤보다는 해조(海藻)의 표면 등에 부착하여 움직임이 둔한 근저서(近底棲)생물이 잡기 쉽기 때문에, 이런 선택적인 포식을 하게 된다.

이렇게 하여 만(灣) 안에서의 연어는 갑자기 깊은  곳에는 서식하지 않고 말밭(藻場)이 있는 물가의 얕은 곳을 따라서 만구쪽으로 이동해 간다. 동북지방의 산리쿠(三陸)연안에서는 6월 상순경까지 만 안이나 해안 가까이에 머물러 헤엄치고 있다가 그 이후 북상하여 대회유(大回遊)를 시작한다.

만 내에서 생활하고 있는 동안에도 식성(食性)이 차츰  변화해 간다. 처음에는 앞에서 말한 근저서생물을 잡아먹고 있지만, 이윽고 소형 요각류, 지각류(枝角類) 등의 플랑크톤을 포식하게 되고, 만구 근처에 서식하고 있는 시기에는 단각류(端脚類), 남극새우류나 대형 요각류가 주된 먹이가 된다. 6월에 해안에서 벗어나는데 이 때는 체장이 8 cm 전후로 자라고,  비만도(肥滿度 : 체중/체장$^3$ × 100)도 하천에 방류되던 시기에 비하면 두드러지게 증가한다. 연어의 치어는 연안에 머물러 유영하는 2~3 개월 사이에 외양에서의 냉엄한 생활에도 적응할 수 있게 된다.

해마다 봄이 되면 백만 단위의 치어가 동북의 각 하천에 방류되므로, 이 시기의 연안해역에서의 플랑크톤량이 치어의 먹이라는 관점에서 매우 중요시된다. 다행하게도 봄이 되면 오야시오(한류)의 남하세력이 강해지고, 산리쿠연안의 각 만에는 동물플랑크톤 생물량이 높은 오야시오계 물이 흘러들기 때문에, 만 안에 서식하는 치어에게는 안성마춤이 된다. 근저서생물이나 플랑크톤 외에도 벌, 말파리 등의 곤충이 해면에 낙하하여 치어의 먹이가 되는 것은 흥미로운 일이다.

만 안에 서식하고 있는 시기에 연어새끼는 하루에 자기 체중의 약 6 %의 먹이를 잡아 먹는다. 그림 1은 낮과 밤( 23시경 ), 새벽( 해돋이 전후)에 오쓰치(大槌)만에서 포획한 치어의 먹이 섭

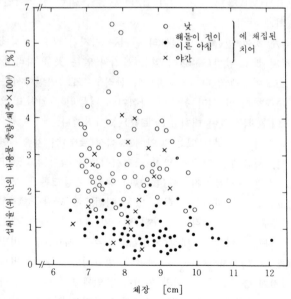

**그림 1** 오쓰치만에서 잡힌 연어치어의 체장과 섭취 먹이량의 관계

취율, 즉 섭이율(攝餌率 : 위 속의 내용물 중량/체중×100)을 나타낸 것이다. 이 그림으로도 알 수 있듯이 야간과 새벽의 섭이율은 주간의 2/3, 1/3이며, 위 속의 내용물의 소화도 상당히 진행되어 있고, 그 중에는 위가 텅빈 개체도 있었다. 이와 같이 연어는 바다에서도 야간에는 거의 섭이활동을 하지 않는다는 것을 알 수 있다.

연안을 벗어나서 북양을 회유 중인 연어는 단각류, 남극새우류, 익족류(翼足類), 대형 요각류 등의 플랑크톤 외에도 오징어류, 새우류, 어류 등을 먹이로 한다. 외양에서 집군(集群)을 형성하는 것으로 유명한 대형 요각류 칼라누스 크리스타투스(Calanus cristatus)나 칼라누스 플룸크루스(Calanus plumchrus)는 연어의 좋은 먹이인데, 연어의 살색이 주홍색을 띠는 것은 이들 대형 요각류가 가진 카로티노이드(Carotenoid)계 색소가 옮겨간 것이라고 생각된다.

북양에서 충분한 영양을 취해 성장한 연어는 이윽고 남하하여 원래의 하천으로 되돌아 오는데, 연안에 접근한 때부터 "산란절식(産卵節食)"이라고 불리듯이 먹이를 전혀 먹지 않게 된다. 또 이 절식은 그들이 하천을 거슬러 올라서 산란을 끝낼 때까지 계속된다. 연어가 산란기에 왜 절식을 하는지 그 이유는 유감스럽게도 거의 해명되지 않고 있다.

# 16. 연어는 태어난 하천을 어떻게 알 수 있을까?

하천이나 호수에서 부화한 연어는 이윽고 하천을 내려가서 바다에서의 생활로 들어간다. 북쪽 바다에서 수년간 영양을 충분히 취한 그들은 산란을 위한 긴 여행을 시작한다. 일본에서 태어나는 연어, 시마연어, 은연어, 홍연어, 북태평양 연어(*chinook salmon*) 등은 산란 후 피로에 지쳐서 죽지만, 대서양산 연어나 무지개송어의 일종인 *steelhead trout* 등은 평생에 몇 번이나 하천과 바다를 오가며 산란한다.

그런데 연어가 수년간의 해양생활 후에도 산란을 위해서 자기가 태어난 하천—모천(母川)으로 정확하게 되돌아 오는 것은 너무나도 유명하다.

도대체 그들은 그 넓은 외양에서 무엇을 표지로 하여 자신이 갈 방향을 발견하고, 또 수많은 하천 중에서 자기가 태어난 강을 찾아내는 것일까?

❖ **앞바다로부터 연안으로**

주변의 모습에 별다른 변화가 없는 외양에서 연어는 무엇에 의지하여 회유하고 있을까? 과연 꿀벌이나 철새처럼 연어도 태양컴퍼스를 이용하여 방위를 정하는 것일까. 아니면 해류의 방향, 수온의 근소한 변화, 또는 수괴(水塊)의 성질의 차이를 감지하여 이동하는 것일까?

미국의 하슬러박사는 어류도 회유나 이동에 태양컴퍼스를 쓰는 게 아닐까 하고 생각했다. 그림 1 과 같은 장치의 유리그릇

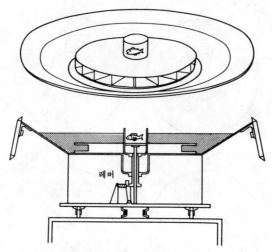

레버를 조작하여 물고기의 용기를 수면으로 내려서 물고기를 자유롭게 한다

**그림 1**   하슬러가 사용한 실험장치〔Tamura : 어류생리학개론, 1977에서〕

속에 한 마리의 파랑볼우럭을 넣는다.

물고기에게는 하늘밖에 보이지 않는다. 유리그릇을  밑으로
가라앉혀서 물고기를 자유로이 하여, 약한 전기충격을 가하면
물고기는 숨을 곳을 찾는다. 숨을 곳은 16개를 만들어 두고,
북쪽 한 군데를 제외하고는 모든 입구를 막아 둔다. 이런 상태
에서 실험을 되풀이하면, 그 사이에 물고기는 북쪽의 숨을 장
소로 직행하도록 학습된다.

다음에는 모든 입구를 열어두고 같은 실험을 하면, 햇빛이 있
는 맑은 날에는 북쪽의 숨을 장소를 찾지만, 흐린 날에는 이
경향을 볼 수 없다는 것을 알았다. 그래서 장치를  암실 속에
두고 전등을 사용하여 실험을 계속했다. 그러자 그림2처럼 오
전과 오후로 숨는 장소가 달라지고, 전등을 그 시각의  태양의
위치로 보았을 때의 올바른 방향(북쪽에 해당하는 방향)의 장소를

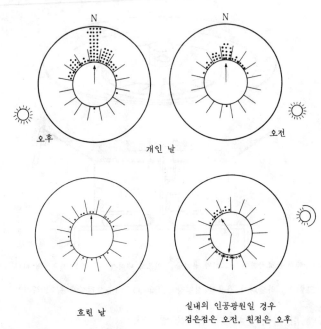

그림 2  전등을 사용한 실험결과[Tamura : 어류생리학개론, 1977에서]

선택했던 것이다.

이 밖에도 귀소성(歸巢性)이 있는 치어에 표지를 하여 호수에 방류하면 맑은 날에는 둥지가 있는 방향으로 정확하게 향하는데도, 흐린 날에는 무질서한 방향으로 향했다. 또 물고기의 눈을 가리우면 역시 둥지로 돌아가지 못했다.

이들 실험은 물고기도 체내시계(體內時計)와 연결된 태양컴퍼스의 이용, 즉 시각에 따르는 태양의 위치로부터 자기가 나갈 방향을 결정할 수 있다는 것을 가리키고 있다.

연어도 태양컴퍼스를 이용하고 있다는 것은 충분히 생각할 수 있다. 그러나 통상 수심 60m 전후에서 유영(遊泳)하고, 해돋이 때에만 해면 가까이로 떠오르는 연어는, 태양컴퍼스만으로는 충분히 자신의 위치를 파악할 수 없을 것으로  생각된다. 최근 그들이 지구자기(地球磁氣)를 감지하여 회유에  활용하고 있다는 보고가 있다. 아마도 이런 방법들을 조합하여 회유하는 것이리라.

### ❖ 모천의 탐색

태양컴퍼스나 지구자기 등을 감지하여 모천이 있는 연안해역까지 도달한 연어는, 드디어 수많은 하천 중에서 모천을 찾아내게 된다. 연어는 유어시절의 모천의 물냄새가 몸에 '배어 있어' 그 냄새에 끌려서 모천으로 찾아든다고 한다.

캐나다의 프레저 강에서 실시된 실험에서는 그 강의  하구가 있는 만 가까이로 접근한 홍연어를 잡아 절반은 그대로, 절반은 후신경(嗅神經)을 절단하고 표지를 한 뒤 방류했다. 그러자 아무 처리도 하지 않은 연어는 86%가 강을 거슬러 오른 데에 대해서, 후각을 파괴당한 것은 46%만이 거슬러 올라 왔다고 한다.

또 워싱턴주의 이사카 강에서는 그 본류와 지류로 거슬러 올라온 은연어를 잡아 표지를 한 뒤, 다시 합류점보다  하류에서 방류했다. 그 때 일부 물고기의 콧구멍을 와셀린 등으로 틀어막아 주면, 처치를 아니 한 물고기가 먼저와 같은 본류, 또는 지류로 거슬러 올라 오는데 대해서, 콧구멍을 막은 것은 그런 경향이 사라졌다.

일본에서도 이와테현(岩手縣)의 오쓰치만(大槌灣)에서  실험한 적이 있었다. 오쓰치만으로 흘러드는 하천 중의  하나인 오쓰치 강으로 거슬러 올라온 연어를 잡아서 ① 무처리, ② 두 눈을 흑색 셀룰로이드로 가리어서 장님으로 만든 것, ③ 콧구멍을 와셀린 등으로 막은 것의 세 무리로 나누어 다시 방류했다. 그 결과  ①과 ②의 무리의 대부분이 다시 오쓰치강을 거슬러 올

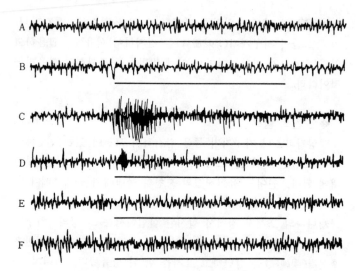

A : 증류수,  B : 수도물,  C : 모천수,  D ~ F : 3개의 다른 호수물

**그림 3**　연어의 콧구멍에 모천수를 흘려 보냈을 때 후각의 발생하는 뇌파
〔Hara : 어류생리,  1977에서〕

라 왔지만,  ③군의 것은 외해로 나가 버리고 거슬러 오르지 않
았다.

또 연어가 모천의 물과 만났을 때는 뇌파(腦波)에도 특이한
반응이 나타난다.

연어의 머리뼈를 열고 단뇌(端腦)에 있는 후구(嗅球) 표면에
전극(電極)을 두어 뇌파계(腦波計)에 접속하면, 후신경(嗅神經)이
흥분해서 방출되는 활동전위(活動電位)를 기록할 수 있다.  그
래서 후구에 전극을 둔 연어의 콧구멍에 여러 곳의 강물을 떨
어뜨리면, 모천수의 물일 때만 특이적으로 진폭이 크고 빈도가
높은 뇌파가 얻어진다.

이로써 연어가 유어기에 몸에 "배어진" 모천의 물냄새를 지
닌 물질을 예민하게 감지하여 모천을 거슬러 올라오는 것이 확

실한 것 같다.

### ❖ 모천수의 냄새 물질

그렇다면 실제로 어떤 물질이 모천수의 냄새로서 연어의 후각에 작용하는 것일까?

우선 이 냄새물질을 ① 극히 미량으로 후각을 자극하고 ② 혐기작용(嫌忌作用)이 없고 ③ 장시간 기억되어야 한다는 등의 조건을 충족시켜야 한다.

연어나 송어의 치어의 하천이나 호수의 물에 대한 학습실습으로부터 이 냄새물질이 수용성, 중성, 투석성(透析性), 휘발성, 열에 의해서 쉽게 변성(變性)하는 등의 성질을 갖는다는 것을 알았다. 그래서 하슬러박사 등은 이같은 성질을 갖추고 또 극히 미량으로서 은연어에게 식별되는 모르포린이라는 물질을 선정해서 실제로 모천수의 냄새물질이 될 수 있는가를 실험했다.

그들은 은연어의 유어를 5주간 $5 \times 10^{-5} mg/\ell$의 농도의 모르포린용액으로 사육하고, 아무 처치도 아니 한 것과 함께 표지를 한 후 하구에서 방류했다.

18개월 후의 산란기에 $1 \times 10^{-4} mg/\ell$의 모르포린용액을 강에 흘린 뒤 거슬러 오른 물고기를 조사하자, 모르포린처리를 한 것과 하지 않은 것과의 비가 8 : 1이 되었다. 그리고 잡은 물고기의 위 속에 초음파발신기를 삼키게 하여, 다시 방류해서 그 행동을 조사했더니 아무 처치도 아니 한 물고기는 모르포린이 흘려져도 아무런 영향을 받지 않는데 대해서, 모르포린처리를 한 물고기는 동작을 한때 중단하는 등의 반응을 보였다. 따라서 은연어는 분명히 18개월 동안 모르포린의 냄새를 기억하고 있었다는 것이 된다.

그러나 최근 뇌파를 지표로 하여 조사한 결과에 따르면, 연어

가 냄새로서 기억하는 물질은 활성탄 흡착성(活性炭吸着性), 수용
성, 석유 에테르 불용성(不溶性), 투석성, 비휘발성, 내열성 등
의 성질을 갖는다고 하며, 학습실습에서 얻어진 결과와는 약간
차이가 나타났다.

어느 것이 옳은지는 아직 알 수가 없다.   그러나 어쨌든 간
에 산란을 위해서 거슬러 올라오는 연어를 사용하여, 양자택일
법 등으로 실제로 하천수의 어떤 성질을 선택하는 가를 끈기있
게 조사해 나갈 필요가 있을 것 같다.

" 연어의 회귀 "라고 불린지 오래된다. 고향 강의  물냄새를
의지해서 되돌아 오는 연어.  그들을 위해서도 우리는 하천의 자
연을 소중히 보호해야 한다.

# 17. 어류로 살펴본 동해

❖ **문지방이 높은 바다**

일본열도를 겉과 뒤로 나누어 비교하면 밝고 어두운 이미지로 겹쳐지기 쉽다. 이 감각적인 차이는 태평양과 동해에도 따라다니는 것이 아닌가 하고 생각된다. 아마 여름철에 동해를 찾은 사람은 예상과 다른 밝음을 만나게 될 것이고, 반대로 겨울의 경우에는 예상외로 어두움에 놀라게 되지 않을까? 오랫동안 동해를 일터로 삼아온 필자에게는 '동해는 의외로 알려져 있지 않다'는 응어리같은 것이 있다.

물고기의 이야기를 하기 전에 먼저 그릇(容器)부터 살펴보기로 하자. 한 마디로 동해는 쟁반같다고 말하는데, 이 쟁반은 깊고 주위의 대부분이 육지로 둘러싸여 있다. 외해(外海)와의 연락로는 5개의 좁고 얕은 해협뿐이며 매우 고립된 바다라고 하겠다. 가장 깊은 쓰가루(津輕)해협과 대한해협의 길이가 140m, 최대수심이 3,610m, 평균수심이 1,350m라고 하는 숫치가 이 바다의 형상을 잘 말해 준다. 실은 이 해협이 얕다는 것, 즉 '문지방의 높이'가 동해의 환경을 태평양과 두드러지게 다른 것으로 만드는 데에 중대한 의미를 갖고 있다.

여기서 또 하나 동해의 평균수온이 0.90 ℃라는 숫치를 들어두자. 이것만으로는 무슨 뜻인지 알 수 없겠지만, 이 숫치는 세계의 주요 해양을 통해서 북극해의 −0.66 ℃ 다음으로 낮은 것이라는 점이다. 태평양이 3.73 ℃, 지중해가 13.35 ℃이므로 이상하리만큼 차다는 것을 엿볼 수 있다. 동해에서는 200

m쯤의 수심에서 볼 수 있는 1 ℃ 이하의 저온수(低溫水)를 태평양에서 발견하려면 5,000~6,000m보다 깊은 데서 볼 수 있다. 동해의 200m보다 깊은 곳의 물은 다른 해역보다 두드러지게 저온이며 이것은 앞에서 말한 '문지방의 높이'와 강하게 관계되고 있다.

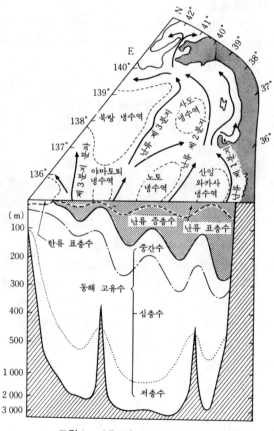

**그림 1** 여름철의 동해수계의 모식도

구로시오로부터 갈라진 쓰시마(對馬)해류는 그 세력이 구로
시오에는 훨씬 미치지 못하지만, 쓰시마해협으로부터 동해로 들
어와서 쓰가루(津輕)해협이나 소야(宗谷)해협에서 흘러 나간
다. 그 규모는 여름에서부터 가을을 최성기로 하여  1년의 주
기로써 크게 변동하여 동해의 생물의 소장(消長)을  지배한다.
그러나 그 힘이 미치는 범위가 표층역(表層域)에  한정되는 것
은 어쩔 수 없는 일이다.


### ❖ 기묘한 분포와 폐쇄성

동해의 지도 위에 난류계와 한류계의 어류가  나타나는 지점
을 기입해 보면, 분포의 경계가 보이지 않는다는 기묘한  일이
생긴다. 표층을 흐르는 난류를 타고 흑다랑어 등의  난해어가
북쪽으로는 소야해협까지 출현하는가 하면,  한편에서는 수심
200m보다 깊은 냉수대(冷水帶)에는 한해성(寒海性)인 명태 등
이 언제나 살고 있기 때문이다.

그러나 표층의 양상은 계절에 따라서 상당히 다르다. 초봄에
는 동해 앞바다에서 행해지는 곱사연어어업은  날마다 일본의
산인(山陰) 앞바다로부터 홋카이도(北海道) 앞바다로  어장을
이동해 가는데, 이 움직임은 표면수온  10℃의 수온대(水溫帶)
의 이동과 거의 부합하고,  한해성 곱사연어가 발달하는 난류수
(暖流水)에 쫓겨가는 모습을 흔히 알 수 있다.

여름이 되면 갖가지 난해어(暖海魚)가 멀리  남쪽바다로부터
오는 것은 태평양과 같다. 그러나 그 종류에는 뚜렷한 차이가
있어서 산호초성(珊瑚礁性)의 아름다운 잔고기나 가다랭이같은
외양어(外洋魚)의 모습은 매우 적다. 구로시오의  지류라고는
하나 쓰시마난류는 동해로 들어오기까지 서해의 물들과 혼합하
여 성질을 바꾸는 것이 원인이라고 생각된다. 즉 동해는 표층
성 어류에 대해서도 반드시 문호를 개방하고 있는 것이 아니다.

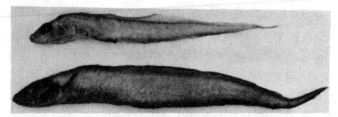

**그림 2** 동해에 있는 유일한 중·심층성 물고기 앨퉁이

이 폐쇄성은 심해역에서는 더욱 심해진다.

아마 세계에서 가장 많은 물고기의 무리라고 생각해도 좋은 것에 샛비늘치로 통틀어 일컬어지는 발광성(發光性) 심해어가 있는데, 이것이 동해에서는 살 수 없다는 사실은, 동해의 심해역의 특이성을 여실히 말해 준다. 또 많은 중층성 심해어가 완전히 내몰린 가운데서 오직 한 종류, 앨퉁이라고 하는 어종만이 두드러지게 번성하고 있다는 것도 주목할 만한 일일 것이다. 저온인데다 낮은 염분의 심해수가 다른 바다와 비교해서 비교적 얕은 곳까지 있다고 하는 자연의 배려라고나 할까, 그 멋진 솜씨에는 오히려 자연의 냉엄한 일면을 엿보는 듯한 느낌이 든다.

또 동해의 심해저에는 냉엄한 조건을 간신히 견디어 낸 10종이 채 못되는 물고기가 1,000m의 장벽을 넘어 서식하고 있지

**그림 3** 동해의 최심해어 청자갈치

만, 2,000m가 되면 청자갈치 등 1~2종으로 한정되고, 3,000
m는 이미 돌파할 수 없는 심도로 되어 버린다.

서두에 든 '문지방의 높이'는 우리의 예상을 훨씬 웃도는
형태로서 동해의 생물상(生物像)을 지배하고 말았다고  할  수
있을 것 같다. 바로 거기에서 생물의 생활이 매우 미묘한 밸런
스 위에 성립되고 있다는 것을 찾아볼 수 있지 않을까.

# 18. 일본 해구의 생물

❖ '저승을' 들여다 본다

수심 6,000 m를 넘는 바다, 즉 해구(海溝)를 가리키는 '명계대(冥界帶 : hadal zone)'라는 말이 있다. 그리스신화에서 죽은 사람이 가는 저승(冥府, Hades가 지배하는 황천의 나라)에 연관시킨 호칭이다. 분명히 태양광선과는 전혀 인연이 없는 암흑이 지배하고, 온도는 연중 2℃ 전후이며 무엇보다도 1㎡당 6,000톤 이상의 엄청난 수압이 걸리는 냉엄한 세계이다.

그러나 사진 1, 2를 살펴보면, 일견 평범한 개펄 사진이지만,

사진 1  일본해구저 7,550m의 해저사진

오른쪽 위는 등각류인 스토르신굴라, 중앙부는 멍게류인 오크라크네무스, 중앙 아래는 대형 단각류.

사진 2  일본해구저 7,550m의 해저사진

이것은 일본의 센다이(仙台) 동쪽 약 300 km지점으로, 배로부터 특수카메라를 내린지 3시간 후에 잡혀진  일본해구(日本海溝)의 주축부인 수심 7,550m의 해저이다.  자세히 살펴보면 무엇인가 낯선 생물이 우굴거리고 있는 것을 알 수 있다.  수심이 깊기는 하지만 해구라고 하는 밑바닥도 결코 '명계(冥界)'나 '저승'이 아니다. 생물은 역시 해구바닥(海溝底)까지도 생활권(生活圈)으로 이용하고 있을 뿐 아니라 사실은  태평양의 중앙부 등에 비교하면 한 단위쯤 더 많이 살고 있다는 것이 밝혀졌다.

세계의 바다에는 약 25개 정도의 해구가 알려져 있는데, 이 해구와 그 속에서 사는 생물에 관한 연구는 제2차 대전 후 덴마크의 가라데아호, 소련의 비차지호, 일본의 기상청에 소속하는 료후호(凌風號) 등에 의해서 시작되어, 그 후 세계의 해양연구선에 섞여서 도쿄(東京)대학 해양연구소의 하쿠호호(白鳳號: 3,200톤)도 크게 활약하고 있다. 일본을 포함한 태평양 서부의 호상열도(弧狀列島) 주변에는 해구가 많이 집중해 있는 입지조건이 좋은 점도 작용하고 있다.

연구작업은 지금까지 채니기(採泥器)에 의한 해저퇴적물의 채취, 심해카메라에 의한 촬영, 트롤에 의한 채집을 주체로 하고 있는데, 특히 트롤은 14,000m 길이의 윈치와이어의 선단에 부착시켜, 한 행정(行程)이 12시간에 이르는 대규모 작업이다.

### ❖ 해구바닥의 명사들

해구바닥에도 바다에 사는 동물의 그룹이 거의 나타난다는 것은 알고 있지만, 가장 눈에 띄는 것이 곰해삼 등의 해삼류(사진1)이다. 그물 한 탕에 수천 마리 이상이 잡히는 경우도 있지만, 해삼으로서는 약간 소형인 종류(3~10 cm)이다.

표면에서는 보이지 않지만 저승해신수정고둥(사진3)이나 양귀비대합류도 많이 채집된다. 조개껍질의 성분인 탄산칼슘은 저온·고압(약 400기압 이상)에서 녹아나는 성질이 있으므로, 이들 이매패(二枚貝)는 에너지를 사용하여 탄산칼슘을 왕성하게 분비하거나, 교묘한 보호기관을 갖지 않으면 안 된다.

스토루신귤라라고 불리는 등각류나 단각류의 무리인 갑각류(사진2), 또 비늘벌레의 무리인 다모류(多毛類: 참갯지렁이류)도 해구 안에서 볼 수 있는 단골이다.

갈라테안테맘이라고 불리는 말미잘은 꼬투리에 들어 있는 이상한 동물로 해구 안에서만 채집되는 그룹이다. 사진 2의 중

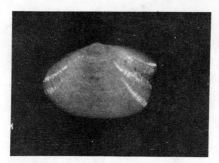

**사진 3**　일본해구 속에 사는 이매패, 저승해신 수정고둥
(껍질너비 13mm)

앞부에 보이는 동물은 우렁쉥이무리인 오크타크네무스라는 종류일 것 같고, 아무래도 말미잘과 마찬가지로 포식성(捕食性)인 것으로 보인다. 천해성(淺海性)인 고착성 우렁쉥이는 모두 여과식성(濾過食性)인 얌전한 동물인데, 대양저(大洋底)에 사는 크레오르스라는 긴 자루를 가진 우렁쉥이류가 니식성(泥食性)이라는 것이 판명되어 놀라고 있다. 또 사진에 보인 종이 육식성(肉食性)이라고 한다면 예상 밖의 일이다. 또 이런 종이 해구 속에서 확인된 것은 이 사진이 처음이 아닌가 생각된다.

어류는 그룹 전체가 해구 안에서 집단생활을 하는 데는 익숙하지 못한 것 같지만, *Careproctus amblystomopsis* 라고 하는 유명한 꼼치 종류가 많이 살고 있다는 것이 확인되었다(제4권 - 18. '심해어의 두 얼굴' 참조).

해구는 대양플레이트가 대륙플레이트에 충돌하여 지구 내부로 빠져드는 지형이다. 따라서 해구는 일반적으로 뭍에 가깝고 뭍쪽 빗면을 따라서 혼탁류(混濁流)의 형태로, 육상이나 얕은 바다에 기원하는 유기·무기물질이 다량으로 흘러든다. 또 산리쿠(三陸)앞바다는 해표면의 생산이 매우 높은 곳으로 알려져 있으며, 이것들이 일본해구의 풍부한 생물량을 유지시키

고 있는 원인이라고 생각된다. 그러나 트롤채집에서 가장 대량
으로 잡혔던 것이 비닐주머니였다는 것은 참으로 중대한  문제
라고 할 것이다.

# 19. 낚시밥 ─ 진짜와 가짜

## ❖ 진짜와 가짜

인류가 이 세상에 태어나기 훨씬 전부터 자연계에서는 낚시가 행해지고 있었던 것 같다. 겨울의 미각(味覺)으로서 유명한 아귀무리가 그 대표적인 낚시꾼이다. 제1등지느러미가 변화한 대막대기 모양을 한 선단에 먹이 비슷한 것이 붙어 있어서, 이것을 교묘하게 흔들어대면서, 자신은 마치 해저에 있는 경치인 양 위장해 있다가, 유인되어 오는 잔고기를 큰 입으로 삼켜들이는 방식이다.

한편 인간과 어류의 지혜겨루기는 언제쯤부터일까? 일본의 나오라(直良信夫)라는 사람이 쓴 『낚시바늘』이라는 책에 따르면, 인류가 낚시질을 시작한 것은 약 1만여년 전부터이며, 나무나 짐승뼈를 가공한 "낚시바늘"이 이 시대 이후의 유적에서 볼 수 있다고 한다.

물고기를 낚는데는 굳이 말할 것도 없지만 크게 나누어서 "진짜미끼"와 "가짜미끼"가 있다. 참갯지렁이, 갯지네, 안점꽃갯지렁이, 지렁이, 바위갯지렁이, 벌의 유충, 바지락, 소라, 오징어, 새우, 게, 정어리, 꽁치, 날치, 둑중개의 알, 이크라(연어나 송어알을 소금에 절인 것) 등은 모두 낚시 대상으로는 어류가 통상 먹고 있는 먹이, 즉 진짜미끼를 쓰는 방법이다. 이 밖에 흑돔, 비늘돔, 숭어, 망상어 등을 소재로 한 것들이 "진짜미끼(?)"일까 하는 의문도 들지만, 어쨌든 물고기의 위 속에 있으므로 진짜미끼의 범주에 들어갈 것이다.

이에 대해서 냄새나 맛은 없지만 모양이나 색깔, 동작이나, 소리 등 진짜와 흡사하게 만들어 물고기를 속여서 낚아 올리는 이 가짜미끼를 "거짓미끼(疑餌)"라고 부른다. 이들 가짜에는 바다낚시의 잔고기를 대상으로 하는 것에는, 떡밥이 없는 허깨비바늘을 훌치기로, 대형어용으로는 가다랭이, 다랑어, 새치다래 낚시에 쓰는 "뿔", 염화비닐·졸로부터 만드는 살오징어를 닮게 한 '도깨비', 진짜오징어를 낚는 "오징어뿔" 등이 있다.

민물낚시에서는 동서를 막론하고 예로부터 거짓미끼를 많이 쓰고 모기바늘, 날개털바늘, 새로운 것으로는 플라스틱벌레가 있고, 대형어용으로는 스피너, 스푼, 플럭, 지그(Jig) 등 여러 가지 아름다운 거짓미끼바늘이 사용되고 있다.

또 아무리 보아도 미끼라고는 생각할 수 없는 것도 사용되고 있다. 주꾸미낚시의 채지(염교)니 전선의 절연에 사용하는 애자, 왜문어낚시의 돼지비게, 방어의 중층쓸이(中層曳引)에 쓰는 납구슬 등도 있다. 그러나 이것들도 우리가 생각하기에는 상상하기 어려운 미끼이지만, 낚여지는 어류편에서 보면 먹이로 삼고 있는 조개나 잔고기와 비슷하게 보일 것이다.

### ❖ 거짓미끼의 모양과 색깔

진짜미끼를 사용하면 물고기가 낚여지는 것은 당연한 일이며, 낚시의 본질이 인간과 어류의 지혜겨루기라고 한다면, 직업으로서의 낚시질은 따로 하고 연구를 위해서 만든 거짓미끼를 교묘히 조작하여 낚아 올리는 것이 본래의 소망일 것이라고 생각된다. 낚시가 스프츠로서 일찍부터 정착되어 있는 구미 각지에서 "진짜미끼"를 쓰지 못하게 하는 것이 있는 것은 자원보호를 위한 것만은 아니다.

그러나 최근에는 일본에서도 하천이나 호소(湖沼) 낚시의 선

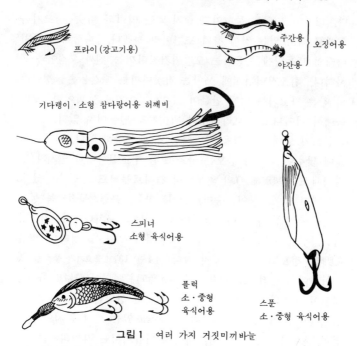

프라이 (강고기용)

주간용 ┐
야간용 ┘ 오징어용

기다랭이·소형 참다랑어용 허깨비

스피너
소형 육식어용

플럭
소·중형
육식어용

스푼
소·중형 육식어용

**그림 1**　여러 가지 거짓미끼바늘

도형(先導型)이라고 할 수 있는 거짓미끼낚시가 유행하고, 이것
에 따라서 "catch and release"라는 사상이 도입되어, 바다
낚시에서도 낚은 잔고기를 다시 놓아주는 아이들을 볼 수 있게
된 것은 좋은 현상이다.

　그런데 이 거짓미끼에 대해서인데, 이것을 사용할 수　있는
대상어류는 주로 육식어(肉食魚)이다. 물고기나 오징어, 새우,
곤충, 지렁이 등을 먹고 있는 어종에 사용하고 있다. 그 중에
는 허깨비바늘처럼 플랑크톤을 잡아먹는 잔고기를　대상으로
하는 낚시에 사용되는 것도 있지만, 대체로 다랑어, 방어, 농
어처럼 통채로 삼켜버리는 성질이 있는 것에 흔히 사용된다.
　거짓미끼의 필요조건으로서는, 우선 형태나 색깔을 들 수 있다. 대상으로 하는 물고기가 즐겨 먹는 먹이와 비슷한 크기나 형태를 하고 있는 것이 첫째 조건이라 하겠다. 다랑어나 새치 다래의 트롤링에 사용되는 오징어거짓미끼는 진짜 오징어와 흡사하다. 흰오징어낚시에 쓰이는 거짓미끼는 주간용은 정어리와 같은 잔고기를 닮게 만들어 있으나, 야간용은 밤이면 모래 속에서 기어나오는 보리새우와 비슷하게 만들어져 있다.

물고기 중에는 색깔을 식별하는 것이 상당히 있다. 이것도 색깔에 맞추어 먹이가 나오는 구조로 된 수조실험이나 안저의 망막시세포(網膜視細胞)의 해부학적 견지로부터도 증명되어 있다. 이를테면 잉어, 붕어, 숭어, 농어, 참돔, 붉돔, 문절망둑 등은 색깔을 식별할 수 있다. 그러나 다랑어류, 새치다래류, 가다랭이류, 상어류 등에서는 색깔을 식별하지 못하고, 형태나 명암(明暗) 정도밖에 모르는 것 같다(제4권-13. '물고기의 눈' 참조).

이같이 일반적으로 민물고기(淡水魚)나 연안어(沿岸魚)에서는 색깔이 식별되고, 외양성 어류에 식별이 안되는 물고기가 많은 것 같은데, 이것은 그들이 제각기 살고 있는 환경의 차이와 밀접한 관계가 있는 것 같다. 외양성 어류에서는 먹이의 종류와 그 먹이가 되는 생물의 몸빛깔이 비교적 단조롭고, 색깔을 식별할 필요가 없는데 대해서, 연안어에서는 섭취하고 있는 먹이의 종류도 풍부하고 더구나 갖은 색깔을 하고 있으며, 또 서식장소가 적합한지, 아닌지를 선택하는데도 색깔의 식별이 필요했던 것으로 생각된다.

또 물고기의 눈은 일반적으로 근시(近視)라고 말해 왔으나, 최근의 연구로는 바다에서 나는 물고기의 많은 종류는 수정체(水晶體)를 이동시킴으로써 체장(體長)과 같은 정도의 거리에서부터 무한거리까지의 원근(遠近)을 조절할 수 있다는 것이 밝혀졌다. 하기야 바다 속의 시계(視界)는 투명도가 좋은 바다라도 고작 수십 미터의 단위이기 때문에 그다지 문제가 되지 않을는지 모른다. 이같은 일로부터 민물고기나 연안어의 거짓미 끼를 생각할 경우에는 형태, 무늬, 명도(明度) 외에도 색깔을 고려할 필요가 있는데, 가다랭이나 다랑어의 트롤링에서는 불 필요하다.

## ❖ 거짓미끼의 동작

거짓미끼에 필요한 또 하나의 큰 조건은 "동작"이다. 이것 은 거짓미끼 자체의 구조와도 관계하지만, 주로 이것을 조작하 는 기술, 말하자면 소프트부분이 중요하다. 시모다시(下田市) 의 어업협동조합의 청년 연구그룹이 휴지기간의 풀장을 빌어 서 실험한 바에 의하면, 트롤링 때에 거짓미끼에 동작을 부여 할 목적으로 사용되는 잠항판(潛航板)은, 잘 낚여지는 것에서 는, 수중에서 좌우로 적당히 움직이는 동시에 그 꼬리부분도 작게 흔들리고 있다는 것을 알았다.

이것은 같은 속도로 끌었을 경우, 잠항판이 좌우로 움직임으 로 해서 거짓미끼가 끌려가는 속도가 변화하고, 판의 꼬리부분 이 흔들리는 것으로 해서 거짓미끼가 흔들려서, 마치 잔고기가 달아나는 상태로 보이기에, 포식자인 물고기의 식욕이 생기는 것이라고 말할 수 있다. 거짓미끼가 잘 동작하고 있으면 물고 기뿐 아니라, 눈이 좋다고 하는 해조(海鳥)까지도 낚이는 수가 있다고 한다.

거짓미끼의 재질(材質)에 골몰하고 있던 어업자들 사이에, 서 양인형의 머리카락이 다랑어용의 거짓미끼 재질로서 유행한 적 이 있었다. 이 때에는 인형가게, 장난가게의 서양인형의 수난 기였다. 거짓미끼의 조작에 대해서는 프로인 어부에게도 연구 를 게을리 할 수 없는 중요한 관심사이기도 하다.

거짓미끼의 동작은 트롤링으로 낚여질 만한 대형어뿐 아니 라, 허깨비바늘, 홀치기낚시에서도 중요하다. 또 민물낚시의 날개털바늘, 플럭, 스푼 등에서도 이것을 움직이는 기술에 따라서 낚시효과에 두드러진 차이가 생긴다.

이 밖에도 거짓미끼에 필요한 조건으로는 유연성, 소리와 냄새 등이 있는데, 이 분야의 연구는 아직 그다지 진보하지 못했다.

「스포츠로서의 낚시」라는 사상(思想)이 차츰 확대되고 있는데, 이윽고는 스포츠로서도 정착하리라고 생각된다. 사람과 물고기와의 지혜겨루기는, 아무리 보아도 물고기가 인간을 당해 낼 수 없을 것이므로, 약한 입장에 놓인 어족과는 웬만큼 겨루어 주었으면 한다. 낚시는 「취미와 실익을 겸한다」고 하는데, 이 실익이 양철통 하나에 가득한 잔고기로서가 아니라 정신적인 면에서의 실익이 되었으면 한다.

# 20. 어류의 식욕과 낚시

## ❖ 해돋이와 해거름의 입질때

어촌의 하루는 이른 새벽의 어둠 속에서 시작된다. 특히 낚시나 정치망, 자망 등을 조업하는 곳에서는 참새가 지저귀기 시작할 때는 벌써 해상에 있는 것이 보통이다.

이것은 사람의 형편에 따라서 어로가 결정되는 것이 아니라, 물고기의 습성에 맞추어서 어로가 행해지고 있기 때문이다.

낚시에 취미가 있는 사람이라면 잘 알고 있는 "입질때"라는 말이 있다. 아침 입질때, 저녁 입질때를 가리키는 말로서, 아침은 해돋이 전후, 저녁은 해거름 전후의 하루 중에서 밝기의 변화가 가장 심한 시간대를 말한다. 많은 물고기가 이 시간에 활동이 활발해지고 또 식욕이 생기며 입질이 왕성한 것 같다. 따라서 정치망이나 자망 등의 그물을 사용하는 어업이나 낚시 잡이어업도 이 시기가 중요해진다.

## ❖ 어류의 주행성과 야행성

생물은 식물, 동물을 가리지 않고 모두 태양의 움직임에 기인하는 일주기(日周期)를 갖고 있다. 탄소동화작용을 하는 식물에서는 밤은 통상적으로 호흡작용으로 바뀌어지고, 육상의 동물에도 주행성(晝行性)과 야행성(夜行性)이 있다. 바다의 동물 중에는 낮과 밤에도 활동하는 종류가 있기는 하지만, 대부분은 낮에 활동하는 형과 밤에 활동하는 형으로 나뉘어진다.

물고기에서는 낮에 활동하는 주행성 물고기가 일반적이어서,

대부분의 물고기가 해돋이 직전부터 활동하기 시작한다. 다랑어류나 가다랭이처럼 밤낮을 가리지 않고 계속 헤엄쳐 다니는 어류파로, 밤에는 거의 먹이를 먹지 않고 이른 아침에 먹이를 찾기 시작한다.

밤에 가까운 물가를 자맥질하여 보면 여러 가지로 재미나는 일을 알게 된다. 물가의 망둑어류는 제 구멍 속으로 돌아와서 머리만 내밀고 조용히 있고, 쥐치류, 나비고기, 자리돔 등은 바위 측면이나 해조(海藻) 등에 기대어 가만히 있다. 다른 물고기를 청소하는 것으로 유명한. 참색놀래기라는 작은 물고기도 초저녁부터 작은 바위구멍이나 조개류의 껍질 속으로 일찌감치 들어가서 잔다.

복어는 모래 속에 묻혀 있는 것이 많은 것 같고, 놀래기류의 대부분은 가로 누워 모래 속에 묻혀서 잔다. 파랑쥐치는 바위나 산호나무 사이에 머리를 쑤셔 넣고 잔다. 수면을 쳐다보면 낮에는 활발하게 헤엄쳐 다니던 정어리류나 숭어에 가까운 색줄멸 등도 조용히 떠있는 상태로 밤을 보내고 있다.

물고기의 수면에 인간처럼 의식(意識)의 중단이 있는지 어떤지는 분명하지 않지만, 아가미를 움직이는 횟수는 줄어들고, 느릿한 동작이 되는 것이 많은 점으로부터 미루어 보아 휴식을 취하고 있는 것이 확실하다. 개중에는 많은 비늘돔류처럼 입에서 점액사(粘液糸)를 내어, 그 누애고치 속에 둘러싸여 평안히 자는 의식주가 완전히 갖추어진 고상한 물고기도 있다.

이것에 대해서 야행성(夜行性)인 물고기도 적지 않다. 상어류 중에는 밤낮을 활동하고 있는 것도 있는데, 연안성의 상어류에서는 낮에는 바위구멍이나 큰 바위 밑에서 조용히 자고 있다가 밤이 되면 출몰하여 먹이를 찾는 종류가 많은 것 같다. 곰치, 붕장어, 뱀장어, 쏠종개, 메기, 얼게돔, 열동가리돔 등의 물고기 외에도 새우, 게류의 대부분이 야행성이다.

또 발광기(發光器)를 가진 것도 그 생태적인 의미로부터 당연히 야행성이다. 예컨대 외해의 해안 가까이에 있는 철갑둥어는 턱 밑에 발광박테리아를 공생(共生)시키고 있어서 밤에 빛을 내는데, 이 물고기의 위장을 조사해 보면, 아침에 잡힌 것에서는 거의 순수한 곤쟁이만 잡아먹는 물고기 곤쟁이로 채워져 있으나, 저녁그물에 잡힌 것의 위는 거의가 텅 비어 있다.

마찬가지로 빛을 내는 멸치류, 벚새우도 야간에는 플랑크톤의 상승에 수반하여 표층 가까이까지 이동해 온다. 또 이 물고기를 먹이로 하는 금연어병치, 연어병치 등도 깊은 곳과 얕은 곳을 번갈아 이동하고 있다.

또 주행성 물고기라고 생각되는 데도 밤에 낚이는 물고기가 적지 않다. 전갱이, 고등어, 참돔, 흑돔, 농어가 그렇고, 벤자리도 전기낚시찌를 사용하여 잘 낚인다.

큰 것으로는 황새치가 낮에도 낚여지지만 달밤에 하는 황새치기 줄낚시라는 방법이 유명하다. 또 트롤링에서 밤에는 먹지 않는다고 하던 새치다래도 빛을 내는 거짓미끼를 사용한 것 같은데, 초승달의 흐린 날 20시를 지나서 150 kg 을 넘는 녹새치가 낚이기도 한다.

또 남쪽 바다에 많은 구갈돔류처럼 조류(潮流)가 멎었을 때에만 바위에 기대어 쉬는 물고기도 있다.

❖ **입질때가 생기는 원인**

물고기에는 이같이 주행형, 야행형, 주야 겸행형 등 여러 가지 습성을 가진 것이 있는데, 이들의 행동기준은 물고기 자신의 내적 요인에 의한 것이 있으며, 먹이생물의 동향에 따른 외적 요인에 의한 것도 있다. 그러나 어느 경우도 다 태양의 움직임이 기준이 되어 생활리듬이 짜여진 것이 많다.

입질때는 위의 주행형, 야행형이 뒤바뀌는 때이며, 잠자리나 먹이터의 이동이 이루어지는 때이다. 아침 입질때에서는 야행형은 다음 밤까지의 것을 미리 잡아먹고 저장하는 시간이며, 주행형에서는 엊저녁에 잡아먹은 먹이의 소화가 진행하여 공복상태로 되어 있기 때문에, 이것이 주된 원인이 되어서 물고기가 활동하고 또 식욕이 생기기 때문에 그물에 걸리거나 낚여지거나 한다. 이것은 농어, 방어, 노랑촉수, 금붕어 중의 위나 장관(腸管) 속에서의 먹이의 체류시간에 대한 연구로부터도 증명되고 있다. 또 많은 물고기의 자어(仔魚)도 야간에는 위가 텅 비고, 이른 아침에 많이 먹는다는 사실이 관찰되고 있다.

물고기의 식성에는 여러 가지 형이 있다. 정어리류처럼 플랑크톤을 전문적으로 먹는 것, 초어처럼 초식성(草食性)인 것, 가다랭이, 다랑어, 농어, 상어같은 어식성(魚食性)인 것, 돔류나 비늘돔, 뱅에돔, 잉어같은 잡식성(雜食性)의 것으로 대별된다.

표층의 플랑크톤을 먹는 것은 아침부터 저녁까지 계속적으로 먹으며, 심해성 멸치류에서는 일반적으로 저녁부터 비교적 얕은 곳으로 떠올라 와서 플랑크톤이나, 소형 새우류로 계속해서 잡아먹고 이른 아침에 심층으로 돌아간다. 커다란 입과 신축(伸縮)이 자유로운 위와 연한 복부를 갖고 있어서, 자신의 몸에 어울리지 않는 큰 먹이를 잡아먹는 어식성(魚食性)인 아귀, 빨간씬뺑이, 도루묵 등에서는 대식(大食)한 먹이의 소화에 하루 이상이 걸리는 일이 있고, 한 번 먹으면 며칠동안 먹지 않아도 되는 것들에서는 입질때와는 별로 관계가 없는 듯하다.

또 물고기는 변온(變溫)동물이기 때문에, 그 중에는 다랑어류와 같이 경우에 따라서는 주위의 수온보다 10℃나 높은 체온을 유지하는 항온(恒溫)동물적인 대사(代謝)를 하는 물고기도 예외적으로 있기는 하지만, 대부분의 물고기는 주위의 수온과 거의 같은 체온이다. 따라서 먹은 먹이의 소화시간과 먹는 양(量)도 수온에 좌우된다. 일본 근해의 일반적인 온대성 물고기라면 겨울에는 설사 입질때라고 하더라도 먹는 양이 떨어지는 것 같고, 여름이라도 수온의 차에 따라서, 예컨대 육풍(陸風)이 불면 연안(沿岸) 표층의 따뜻한 물이 앞바다로 밀려 나가고, 바닥의 찬물이 솟아 오르기 때문에 수온이 낮아지고 물고기의 식욕이 떨어진다.

또 혼탁상태나 수질, 유속, 대조·소조(大潮·小潮)의 차이, 그 물고기의 산란기 등 여러 가지 차이에 의해서 물고기의 식욕이 변화하고, 입질때의 상태도 바뀌어진다.

이같이 물고기의 식욕도 먹이생물의 체내시계(體內時計)나 그 물고기 자신의 시계 및 주변의 환경조건의 변화가 복잡하게 관여하여 결정되고 있다. 낚시나 어업이 자연을 상대로 하는 행위인 이상 바다에서 사는 물고기를 집에서 기르게 하지 않는 한, 당분간은 인간이 상대편에 맞추어서 움직이지 않으면 안될 것이다.

# 21. 망둥이의 과학적 규명

❖ **남녀 노소가 낚는 물고기**

여름방학이 끝날 무렵이면 일본의 도쿄만(東京灣)으로 흘러 드는 여러 곳의 하구 부근이나 매립지의 수로 기슭은 많은 인 파로 붐빈다. 망둥어의 수보다 사람의 수가 더 많을 것으로 생 각될 만큼, 한 손에 양산을 든 노인 부부에서부터 젖먹이를 안 은 젊은 내외, 야외모자에 샌들차림의 젊은이로부터, 하이힐을 신은 여성까지 온통 총출동이다.

양철통이니 그물주머니를 들여다 보면, 의외로 놀라울 만큼 많이 낚여져 있다. 대개의 사람이 몇 마리에서부터 10여마리, 많은 사람은 100마리 이상이나 낚아놓고 있다. 망둥어처럼 잘 낚이는 물고기의 경우, 100마리를 단위로 해서 "속(束)"이라 는 말을 쓰는데, 이 시기라면 능숙한 낚시꾼은 하루에 10속 이상을 낚는다고 하니까 놀라운 숫자의 망둥이가 잡히고 있는 셈이다.

망둥이낚시는 9월에 접어들면 배낚시로 들어간다. 도쿄도 (東京都)의 어느 기관에 속하는지도 모를 10억엔산업이 시작 된다. 남풍이 부는 날은 항공기가 도쿄만(東京灣) 속을 일주하 다시피 하여 하네다(羽田)공항에 착륙하기 때문에 상공에서 망 둥이낚시배 투성이인 도쿄만을 내려다 볼 수 있다. 길쭉한 낚 시배에서 낚싯대가 비죽 비죽 나와 있어서 마치 송충이가 우 굴거리고 있다는 표현이 걸맞다. 그리고 여기서도 하루에 수백 마리를 낚는 사람이 있다고 한다.

10월이 되면 망둥이도 약간 앞바다로 나가는데, 주말이나 공휴일의 해상(海上)은 여전히 성황을 이루어 2인승 보트에서부터 외국에라도 갈 수 있을 만한 크루저(cruiser)까지 끼어들어 낚싯대를 드리우고 있다.

이렇게 많은 사람에게 낚여지면서도 아직껏 없어지지 않는 망둥이란 도대체 어떤 물고기일까?

#### ❖ 문절망둑이란?

이 도쿄만의 망둥이는 일본말로는 "마하제", 우리말로는 문절망둑이라고 불리는데, 분류학적으로 척추동물문(脊椎動物門) 진구강(眞口綱) 농어목(目) 망둥이과 문절망둑속(屬)에 속한다. 망둥이류는 일반적으로 몸이 원통형에 가깝고, 꼬리부분이 납작하며 좌우에 배지느러미가 달려 빨판모양으로 되어 있는 것이 많다는 특징을 지녔다.

일본산 망둥이류는 현재까지 약 200종 정도가 알려져 있는데, 이 망둥이낚시로 유명한 문절망둑이가 대표적인 종이다. 이밖에 망둥이의 한 무리로서 유명한 것으로는 문절망둑과 자웅(雌雄)을 가리기 어려운 크기의 일본의 미카와만(三河灣), 세도나이카이(瀨戶內海)에서 식용으로 삼는 구멍망둥이, 연어아목

사진 1   문절망둑

(亞目)의 뱅어와 혼동하기 쉬운 북규슈(北九州)나 동해의 하구에서 벚꽃이 피기 직전에 잡히는 사백어, 아리아케(有明) 바다의 만상(灣上)스키를 구사하여 독특한 홀치기낚시로 잡히는 짱둥어, 식용으로는 할 수 없지만, 뭍이나 나무가지에까지 올라가기도 하는 일본 남부에 많은 말뚝망둥어, 민물에서 나오는 식용망둥이인 동사리, 밀어 등이 있다.

11월에 들어서면 문절망둑은 더욱 성장하며 차츰 연안의 약간 깊은 곳으로 이동한다. 12월에는 대개의 문절망둑은 성어(成魚)가 되어서 보다 깊은 수로로 들어간다.

엄동기로 접어들면 망둥이는 산란기를 맞이한다. 이 무렵의 망둥이의 암수는 누구라도 금방 구별할 수 있을 만큼 그 차이가 뚜렷이 나타난다. 수컷의 머리는 마치 위에서부터 발로 밟힌 것처럼 납작해지고 입이 커진다. 암컷은 복부의 알이 성숙하여 외관상으로도 크림색깔의 발달한 난소를 볼 수 있게 된다.

깊은 수로로 들어간 직후부터 망둥이는 둥지를 만드는 작업에 들어간다. 이것은 전적으로 수컷이 한다. 물고기세계의 산란둥지 만들기는 암컷이 하는 것도 있지만 대부분의 종류는 수컷이 하고 있다.

도쿄도 수산시험장의 미키(三木誠)씨 등의 조사에 따르면 망둥이의 산란장은 수심 8m 전후인 곳으로, 산란둥지는 어묵형의 길이 약 2m인 것으로서, 산란실이 뻘 속으로 비스듬이 내려가 있고, 그 산란실로부터 3~5개의 원통형의 구멍길이 있으며, 그 깊이는 1.3m나 된다. 이것은 엄동기의 바다로 들어가서, 플라스틱수지(樹脂)를 둥지구멍에 주입하는 획기적인 방법을 써서 최근에 밝혀진 사실이다(그림 1, 사진 2). 굳어진 플라스틱을 파내어 연구한 바로는 둥지구멍의 벽에 많으면 2~3만개씩의 알을 낳아놓고 있었다고 한다.

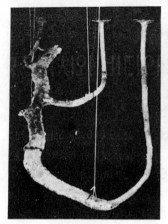

**사진 2**  플라스틱수지를 주입, 고형화하여 얻어진 문절망둑의 산란
〔Miki씨 (도쿄도 수산시험장) 제공〕

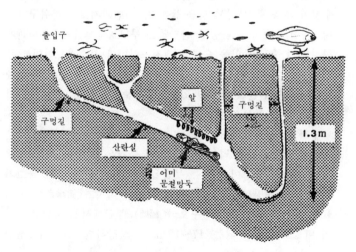

**그림 1**  사진 2와 함께 그린 산란둥지의 단면도
〔Miki씨 (도쿄도 수산시험장) 제공〕

### ❖ 망둥이의 생태

도쿄만에서의 망둥이의 산란기는 2～5월이라고 한다. 둥지 만들기를 마친 수컷은 암컷을 둥지구멍 속으로 유인하여 산란을 시키고, 여기에 정자를 뿌려서 수정시킨다. 망둥이에는 흔히 수컷이 없다고들 한다. 이것은 대구, 청어, 돔이나 게르치처럼 큰 백자(白子)가 없는데서 그렇게 말하는데, 이 망둥이처럼 둥지구멍 속에서 산란하는 것은 정자의 양이 많지 않아도 효과적으로 수정이 되는 셈이다. 따라서 대부분의 망둥이류, 베도라치류처럼 둥지구멍을 파서 산란하는 습성이 있는 물고기에서는, 정소(精巣)가 가느다란 관모양으로 된 것이 많은 것 같다. 반대로 산란습성이 잘 알려져 있지 않은 옥돔 등에서도 정소가 망둥이처럼 가느다랗기 때문에 둥지구멍을 만들어서 산란하는 종류일 것이라고 추정할 수 있다.

문절망둑의 알은 수정 후 약 1개월이면 부화한다. 이 동안 수컷이 계속 꼭 붙어서 알을 돌본다. 마찬가지로 바위구멍이나 파이프 등에 여름동안 산란하는 무늬망둑에서는 부화하기까지의 1주일 동안을 수컷이 배지느러미나 가슴지느러미로 몸체를 떠받치고, 알을 꼬리지느러미로 부채질하여 신선한 물을 보내어 수정란을 관리하고 있으므로, 문절망둑도 마찬가지 방법으로 알을 돌보고 있을 것이다.

부화한 자어(仔魚)는 전체 길이가 약 5mm로서 주로 작은 동물성 플랑크톤을 먹고 자란다. 이 무렵은 해저에 고착된 생활이 아니라 중층이나 표층 부근을 헤엄쳐 다닌다. 이 물고기의 연구로 유명한 나가사키(長崎)대학의 미치즈(道津喜衞) 박사들의 연구로는 규슈의 후쿠오카(福岡) 부근에서는, 4월경에 몸이 비늘로 덮이게 되는 17～19mm로 성장하면 겨우 저서생활로 옮겨 간다고 한다.

저착기(底着期) 전후의 문절망둑에 대해서 수조(水槽)실험을

해 보면 확실히 염분이 적은 쪽을 좋아하는 습성이 있다. 따라서 2~3 cm 크기까지는 하구 부근에 집합하고, 감조해역(感潮海域)에서의 생활이 시작되는 듯하다. 이 감조해역은 담수역(淡水域)으로부터 먹이와, 영양염류가 흘러들고 해수성(海水性) 생물이 있는 가장 먹이가 많은 곳이다.

히야마(檜山義夫)라는 사람이 지은 『낚시의 과학』이라는 책에 의하면 스미다가와(隅田川)를 흐르는 계열의 이른바 정통파인 문절망둑만 하더라도, 1955~1965년경의 연구결과로는 약 1조 개가 산란되고, 이것이 가을의 낚시철에는 약 10억 마리가 되며, 그 후에도 다른 물고기 등에 잡아먹히고, 또 인간에게 1억 마리 정도가 낚여져서, 겨울의 산란기에는 약 2억 마리가 되고, 이 중의 암컷 1억 마리가 1만 개씩 산란하여 1조 개의 알이 된다고 씌어져 있다.

최근에는 매립이 진행되었다고는 하지만, 한때보다는 바다가 깨끗해졌다. 그 때문에 낚싯배 관계자에게 들어 보아도, 이 연대보다 망둥이가 증가했다고 하는데, 엄청난 많은 양이 태어났을 것이다.

문절망둑에게 행운이었던 것은 ① 조상 대대로 이어받은 형질로, 바다에서부터 하천에 이르는 폭넓은 생활을 할 수 있는 적응력을 갖추고 있는 점, ② 구멍을 파서 산란하고, 양친의 보호를 받으면서 부화하는 점, ③ 다른 많은 바다에서 낳아지는 물고기의 산란기인 봄철에 앞서서 산란되는 점, ④ 뱅어 등과는 달리 오염에 강하다는 점, ⑤ 떼를 짓는 습성이 없고, 따라서 대량으로 어획되는 일이 없다는 점 등을 들 수 있다.

또 망둥이에 대해서 말하면 오염이나 매립 등에 의한 커다란 환경변화 속에서 그들이 살아 남을 수 있었던 것은, 수질환경이 좋은 겨울서부터 봄이 산란기라는 점, 매립된 곳에서부터 더 앞쪽의 수심이 깊은 해저의 뻘 속에도 산란둥지를 만들 수 있다는, 다른 물고기와는 다른 습성을 지닌 덕분이라고 할 수 있다. 만약 여름이 산란기였다면 도쿄만에서는 문절망둑이 산란할 만한 수심이 깊은 곳은 산소가 없는 층이거나, 낮은 산소층이 형성되므로 문절망둑은 살아 남을 수 없었을 것이다.

이런 일들이 오늘날 현재의 스미다가와 계통뿐 아니라, 다마가와(多摩川)계통, 에도가와(江戸川)계통, 그리고 하마나코(濱名湖), 미카와만(三河灣), 오사카만(大阪灣)에서도 망둥이가 끈질기게 살아 남아 있는 이유라고 할 수 있을 것이다.

흑다랑어, 참돔, 방어, 넙치 등의 인공부화사육이 성공하고 있지만, 이 문절망둑은 꾀나 까다로운 성질이 있어서, 자신이 직접, 깊은 둥지구멍을 파지 않으면 알을 낳기 싫어하는지 연못 속에서의 자연산란에는 아직 성공하지 못했다. 이 방면의 '과학'은 이제부터라고 하겠다.

# 22. 낚시와 바다의 오염

❖ 낚시 인구 2,000만

전일본(全日本) 낚시단체협의회의 자료에 따르면 일본의 낚시 인구는 자그만치 2,000만 명이라고 한다. 엄청난 낚시인구라 하겠다.

낚시는 중석기(中石器)시대부터 행해졌던 것 같은데 리크레이션으로서의 낚시는 외국에서는 약 2,000년 전에 클레오파트라가 즐겼던 것 같고, 그리 오래되지도 않았지만 1653년에는 런던에서 아이작 월턴에 의해서 낚시책의 바이블, 영원한 롱셀러라고 일컬어지는 『낚시대전(釣魚大全)』이 간행되었고, '리크레이션의 권장' 따위라는 진보적인 내용의 책이 팔리고 있었다.

일본에서는 일반 서민이 낚시를 즐기기 시작한 것은 낚시줄로 쓰는 천잠사(天蠶糸)가 중국으로부터 수입되기 시작한 에도(江戸)시대 이후라고 한다.

❖ 유사 이래의 낚시붐

수렵과 마찬가지로 생업(生業)으로서 행해지고 있던 낚시도 대중의 리크레이션으로서 차츰 활발해졌는데, 일본의 낚시인구가 급증한 것은 1960년대에 들어서이다. 낚시줄도 합성섬유가 개발되고, 낚싯대도 화학섬유로 바뀌고, 릴도 손쉽게 구해지고 취급도 쉬워졌다. 그러나 뭐니 뭐니해도 여유가 생기면서 1억 총중산층이 된 것이 낚시인구를 급증시킨 최대의 요인이라 할 것이다.

백화점이나 큰 수퍼에서는 대개가 넓은 공간을 할애하여 낚시도구를 팔고 있으며, 또 낚시도구 전문의 빌딩이 생기고, 낚시에 관한 월간지와 심지어는 주간지도 나왔다. 또 NHK나 민간방송에서 정기적인 낚시 프로를 마련하고 있는 것도 주지의 사실이다. 낚시먹이의 자동판매기가 등장하고, 헬리콥터로 무인도까지 실려 가서 낚시를 하는 낚시꾼이 있는가 하면, 해외로 나가는 낚시관광단이 있는 등 그 과열상태는 예상을 웃돌고 있다.

그리고 아름다운 모래사장이 갯펄로 바뀌었는데도 참갯지렁이가 부족하여 외국으로부터 수입하거나, 요즘으로는 드물게 보는 모기장같은 것으로 만들어진 제대로 증식하지도 않는 바위갯지렁이의 자동증식 플랜트가 수백만 엔으로 팔리는 등 달갑지 않은 현상이 눈에 띄게 되었다. 최후의 풍부한 수산자원, 21세기의 수산물이라고 일컬어지는 남극보리새우가 식품으로서라기보다는 낚시밥으로서 재빠르게 자리를 잡았다는 사실은 이런 현실을 단적으로 말해 주고 있는 듯하다.

대규모의 낚시도구 제조업 2개 회사의 내수용 낚시도구의 매상고만 하더라도 약 300억 엔이나 되며 이것은 낚시꾼 1인당 1,500엔이 되는데, 이 밖에도 떡밥이니 자질구레한 낚시도구를 따로 구입하고 있으므로, 어쨌든 대단한 붐이라 할 것이다.

푸른 바다와 바닷냄새, 눈부신 태양아래 외해의 거치른 바닷가의 돌과 바위에 부딪혀서 부서지는 파도를 바라보면서 하는, 대형어낚시가 심신의 피로회복에 매우 효과적이라는 것은 말할 나위가 없겠으나, 이런 사치스런 낚시가 아닌, 하늘의 푸르름이나 물이 약간 흐리기는 할 망정, 자전거로 조금만 나간 곳에서도 충분히 즐길 수 있는 낚시도 있다. 여기서의 하루는 만

원전차의 손잡이와 볼펜을 쥐는데 익숙해진 손에 신선한 자연의 감각을 느끼게 해준다. 책상 위의 카피나 브라운관, 멀어봤자 전차의 중간층에 걸린 광고 따위에 촛점을 맞추던 눈을 적어도 5m나 떨어진 낚시찌까지 연장시켜 준다. 이것이 낚시인구가 2,000 만인이나 있는 이유이리라.

### ❖ 유사 이래의 낚시공해

이런 까닭으로 유사 이래의 낚시붐이 일어나고, 여기에 수반하여 낚시꾼이 몰리는 곳에서는 최근 여러 가지 문제가 생기고 있다.

그 가장 으뜸인 것이 쓰레기이다. 일본인의 쓰레기에 대한 무관심에 대해서 일본의 작가 가이코(開高健)도 『Fish on』에서 「개가 전봇대에 오줌을 깔기면서 지나가듯이 야마토(大和)민족은 쓰레기를 남기면서 지나간다」고 인정하고, 낚시꾼 아닌 쓰레기꾼이라고 한숨을 쉬고 있지만, 사람이 많이 모이는 낚시터에서는 밑밥으로 더럽혀진 비닐봉지, 낚시밥의 플라스틱용기, 빈 깡통, 천조각, 낚시줄, 신문지, 낚아 올린 잔고기 등이 대량으로 버려져 있다.

이들 쓰레기는 해저에 고이거나, 바람으로 인근의 민가로 날려 가거나 하여 악취를 풍기고, 구더기가 생겨서 파리가 늘어나는 등의 공해를 일으키고 있다.

밑밥공해도 상당하다. 대형 발포성 플라스틱용기 등으로 대량으로 가져와서 바가지로 퍼서 뿌리는 사람조차 있다. 이런 곳에서는 조간대(潮間帶)의 생물이 죽게 되고, 돌김도 나지 않게 되고 또 해저의 해조(海藻)가 시들어 죽으며, 심한 곳에서는 바위나 모래가 황화물(黃化物)로 새까맣게 된 곳도 있다.

밑밥을 다량으로 뿌려 주는 곳에서 낚인 전갱이나, 벤자리는 밑밥냄새가 배어서 먹을 수 없을 정도로 오염되어 있다. 어

업에서도 곤쟁이새우의 밑밥을 다량으로 사용하여 잡은 어획물
은 냄새가 옮겨가고 오래 가지 못해서 값이 반값 이하로 떨어
진다.

낚시줄에 의한 공해도 상당하다. 갯가낚시로 유명한 곳의 바
다로 자맥질해 보면, 바위 등에 걸려서 끊어진 낚시줄이 무수
히 흩어져 있다. 대황, 감태 등의 뿌리에 감긴 것, 바윗굴의 껍
질에 걸린 것, 낚시줄끼리 얽힌 것 등, 이래서는 갯가의 생물
에 적지 않은 영향이 있을 것이며, 이윽고 이 지점에는 물고
기가 모여들지 않을 것이라고 생각된다.

갯가의 뭍에도 버려진 낚시줄이 방치되어 있거나, 낚시줄이
공처럼 덩어리가 되어서 버려진 곳도 있다. 요즈음의 낚시줄
은 플라스틱제품으로 사람의 발에 걸리면 끊어지는 그런 물건
이 아니라, 도리어 사람을 넘어뜨리고 다치게 할 위험성을 지
니고 있다.

이 밖에도 낚시인구의 지수적인 증가로, 생업으로 삼고 있는
어업자(漁業者)와의 트러블, 낚시터로 가는 길목에 있는 논밭
으로의 침입, 전선과의 접촉, 낚시터 근처의 “분뇨공해(糞尿
公害)”등 과열된 붐은 많은 사회적 문제를 낳고 있다.

최근 어떤 낚시밥의 큰 제조회사가 클린작전이라 일컬으며
떡밥주머니를 규정된 숫자만큼 가져 오면 떡밥 한 봉지를 무
료로 서비스한다는 독특한 시도를 펼쳤다. 또 일본갯낚시연맹
에서도 10년 전부터 주된 낚시터에 잠수부를 넣어서 갯가를 청
소하고 있다. 또 1971년 8월부터 일본의 사가미만(相模灣)유
어선(遊漁船)협동조합에서는 사이쇼(西湘)지구에서 보리멸 낚
시의 자주적 금어기(禁漁期)를 설정하여 기한을 정해서 실시하
고 있다. 반갑고 바람직스러운 일이다.

낚시줄의 소독, 금어기, 금어 구역, 낚시도구, 체장 등의 제
한 외에도 입어료(入漁料)를 지불하고 면허증을 받는 방식인

구미식의 낚시와는 달리, 일본의 낚시 특히 바다낚시는  거의
제한이 없다할 만큼 자유롭다. 또 미국처럼 '어류순찰대'의
순회도 없다. 그런만큼 개개인이 자연을 사랑하는 사상(思想)
에 투철하여 언제까지라도 낚시를 즐길 수 있는 바다나 강으로
유지해 나가야 할 것이다.

# 23. 수중스포츠의 세계

### ❖ 수중스포츠의 역사

인간이 자맥질에 의해서 물 속으로부터 부(富)를 얻는 방법을 알고부터 이미 수만 년의 역사를 가졌는데, 잠수(潛水)를 스포츠로서 즐기게 된 것은 20세기에 들어와서이다.

물 속의 세계는 모든 인간에게 있어서 자연의 법칙을 좇아서 행동할 수 밖에 없는 준엄성을 갖추고 있다. 그 때문에 물 속으로 잠수하여 스포츠를 즐기기 위해서는 최저한의 지식과 기술을 익히고, 더구나 어떤 일정한 규칙을 엄수해야 한다. 왜냐하면 인간은 아직 수중세계를 정복하는 데까지는 이르지 못했기 때문이다.

바다 속은 우리가 수백 권의 책을 읽거나 또 수십 개의 수중영화(水中映畵)를 보고 머리로 이해하더라도, 실제로 수중세계로 들어가서 체험하지 않는 한, 영원히 이해할 수 없는 불가사의한 세계이기도 하다. 그것은 마치 맛있는 요리에 대해서 말이나 그림으로 설명을 들어도 실제로 먹어보지 않는 한 그 맛을 알 수 없는 것과 마찬가지로, 물 속은 체험하는 것으로 밖에는 이해할 수 없는 세계이다.

현대의 육상에 살고 있는 우리 인간은, 물 속이라고 하는 거치른 자연환경과 접촉하는 일도 없이 평생을 보낼 수 있는 데까지 와 있다. 우리 조상들이 냉엄한 자연환경과 싸우면서 살아 남았던 시대의 본능은 지금도 현대인의 몸 속에 남아 있다. 인간은 진정한 자연의 품에 다시 안기려고 하는 원시시대(原

始時代)로의 회귀본능(回歸本能)을 만족시켜 주는  여러 가지 스포츠를 생각해 내었다. 그 중에서도 수중스포츠는 이 인간이 지닌 본능을 충분히 만끽시켜 주는 세계이며,  그것은 인간에게 큰 위험성이 없는, 더구나 자연환경 그대로의  신비로운 세계에서 모험심을 충족시켜 주는 요소를 더불어 지니고 있는 스포츠이다.

또 수중스포츠는 인간을 거치른 자연 속에서, 자연과 융합된 아름답게 조화된 건강한 몸을 만들어 준다.  물이라고 하는 매체 속에서는 움직임이 완만해지고, 급격한 운동은 할 수 없지만, 반면 전신의 근육을 사용하기 때문에 균형잡힌 신체로 발달하게 된다. 육상에 사는 인간은 해마다 여름이 되면 해변으로 나가게 되는데 일본의 해수욕을 즐기는 인구는 연간 3천만 명 이상이라고 한다. 그 중 1% 전후가 수중스포츠를  즐기는 사람이다.

수중스포츠는 해변이나 해상의 스포츠와 비교해서 보다 자극적이며 도전적이기도 하다. 정신적, 육체적으로 건강한 사람이라면 누구라도 즐길 수 있는 요소를 지니고 있다.  연령차나 남녀의 차이도 없고,  초보자나 숙련자에게도 두루  즐거운 운동이다. 부부나 가족 또는 집단으로도 즐길 수 있다. 수중스포츠에 참가함으로써 가치있는 대인관계와 신뢰관계를  형성해 주기도 하고 또 집단생활의 기회도 제공해 준다.

그런데 유감스럽게도 수중스포츠를 육상에서 관람할 수는 없다. 또 물 속의 팀에 대한 응원도 육상으로부터는 미치지 않는다. 수중스포츠는 물 속으로 잠수할 수 있는 사람에게만  한해서 개방되어 있는 스포츠이며, 잠수를 할 수 있는 사람에게 대해서 많은 가치를 낳아주는 동시, 참가자에게 대해서도 커다란 기쁨을 안겨 준다. 계절을 가리지 않고 멀리서부터 배와 자동차, 버스, 전차 등을 이용하여 몇 시간이나 걸려서 현장에 와서 할 만한 가치를 지니고 있다. 이 수중스포츠를 통해서 체험하는 흥분도는 사람을 몇 번이나 같은 장소로 끌어 들이는 매력을 지니고 있다.

### ❖ 수중스포츠의 종류

1935년 세계 최초의 수중스포츠가 프랑스에서 탄생하고부터 벌써 50년 가까이가 된다. 수중스포츠에는 다음과 같은 종류가 있으며, 매년 세계 수중활동연맹(CMAS)이 주최하는 세계대회가 열리고 있다.

〈 수중스포츠 어렵 〉 이것은 바다의 동물을 헤엄치거나 잠수하여 어떤 정해진 방법으로 포획하는 것이다. 또 수중스포츠 어렵(漁獵)은 육상의 수렵과 마찬가지로 어떤 규칙에 바탕하여 이루어진다. 그것은 단순히 작살이나 수중총으로 물고기를 잡는 것이 아니고, 바다 속에 있는 동물(예컨대 성게, 전복, 소라 등)을 맨손으로 잡는 것도 아니다. 즉 어떤 규칙에 따라서 하는 바다의 스포츠의 일종이다.

프랑스에서는 스포츠어렵의 규정을 다음과 같이 정하고 있다. 우선 나이가 16세 이상이어야 한다. 그리고 프랑스수중연맹에

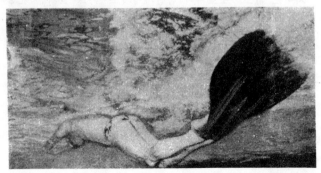

그림 1 　 모노핀(monofin)을 사용하여 경영 중인 선수(이 선수는 일체형 지느러미발을 사용) 〔CMAS 제공〕

**표 1** 세계수중활동연맹(CMAS)이 인정한 핀 경영의 세계기록표 (1982년 10월 현재)

| 종목 | 거리 (m) | 남자 | | | 여자 | | |
|---|---|---|---|---|---|---|---|
| | | 이름 | 국명 | 시간 | 이름 | 국명 | 시간 |
| 자유형 경영 | 100 | A.슈코프 | 소련 | 38"59 | E.오크자브리스카야 | 소련 | 44"95 |
| | 200 | A.슈코프 | 〃 | 1'28"42 | M.스쿠비코바 | 〃 | 1'39"00 |
| | 400 | D.오레니코프 | 〃 | 3'11"20 | S.우스빈스카야 | 〃 | 3'29"72 |
| | 800 | A.코페도르프 | 〃 | 6'43"16 | S.우스빈스카야 | 〃 | 7'20"78 |
| | 1,500 | M.가르시긴 | 〃 | 13'03"28 | S.우스빈스카야 | 〃 | 14'05"13 |
| 폐식잠수 경영 | 50 | A.슈코프 | 〃 | 15"96 | M.스쿠비코바 | 〃 | 18"50 |
| 자급기식 잠수기의 경영 | 100 | A.슈코프 | 〃 | 35"67 | M.슈빈코바 | 〃 | 42"04 |
| | 400 | V.슈지코프 | 〃 | 3'00"40 | S.키레에바 | 〃 | 3'18"60 |
| | 800 | 세미노프 | 〃 | 6'25"03 | | | |
| 자유형 릴레이 경영 | 4×100 | 스토레도르프 오레니코프 카르시긴 슈코프 | 〃 | 2'39"07 | 우스빈스카야 고르로토바 스타르토프 오크자브리스카야 | 〃 | 2'59"73 |
| | 4×200 | 스토레도르프 코페도르프 오레니코프 슈코프 | 〃 | 6'00"27 | 우스빈스카야 키레에바 오크자브리스카야 스타르도프 | 〃 | 6'43"47 |

가입하여 스포츠어럽의 면허가 공포된 사람이어야 한다. 또 상
해보험에 가입해야 한다. 스포츠어럽을 할 수 있는 장소는 연
안으로서 더구나 수중 호흡장치를 사용해서는 안된다. 도구는
인간의 육체적인 힘만으로 다룰 수 있는 어럽용구에 한정되고,
일몰에서부터 해돋이까지는 어럽을 할 수 없다.

이같이 스포츠어럽은 폐식잠수(閉式潛水 : 도구를 쓰지 않는 잠수)
에 의해서만 하도록 규정되어 있고, 잡은 어류는 팔아서는 안
되며, 또 어종이나 크기도 미리 정해져 있다.

이상의 여러 규칙을 엄수해야만 비로소 스포츠어럽을 즐길
수 있다.

〈 수중 핀(fin) 경영 〉 이 스포츠는 수중(풀장, 바다, 강, 호
수)을 힘이 닿는 한 빨리 헤엄치는 경기이다. 이 경기에는 남
성은 100m, 200m, 400m, 800m, 1,500m, 400m릴레이, 800
m릴레이가 있고, 여성은 100m, 200m, 400m, 800m, 1,500
m, 400m릴레이의 경기종목이 있다. 또 폐식잠수에 의한 남

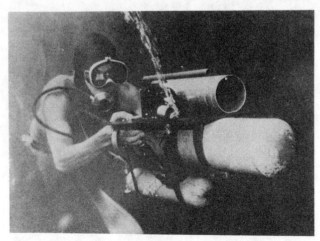

그림 2   수중 오리엔텔링 경기 중인 다이버

성의 50m, 여성의 25m, 또 자급 기식잠수기(自給氣式潛水器, 스쿠버)를 사용하여 남녀 모두 100m, 400m, 800m의 수중 잠영경기(潛泳競技)도 있다. 이 세계기록은 모두 소련선수가 가지고 있다.

〈 수중 오리엔탈링경기 〉 이 경기는 물 속에 미리 설치된 목표점 사이를 최단시간에 통과하는 것인데 물론 바다 속에서 한다. 이 통과하는 바다 속의 위치의 수는 그 때마다 해저의 지형에 따라서 결정한다. 이 경기에 쓰이는 장치는 수중시계, 수중컴퍼스인데, 이 밖에도 수중 잠영 적산거리계(水中潛泳積算距離計), 수중측위(測位)안경, 수중소너 등이 이용되고 있다.

〈 수중 게임경기 〉 수중하키, 수중럭비 등이 행해지고 있다.

수중으로 잠수한 사람에게 바다 속은 자연의 법칙만이 지배하는 국경이 없는 세계가 된다. 또 수중에서는 유럽인도, 아시아인도, 미국인이나 아프리카인도, 모두 자연의 법칙에 따라서만 살아 갈 수 있다. 이와 같이 수중세계에서 스포츠를 만끽할 수 있는 것도 현대인의 특권일는지 모른다. 앞으로도 새로운 수중스포츠가 자꾸 태어날 것으로 생각된다.

그림 3   수중 하키경기를 하는 다이버〔CMAS 제공〕

# 24. 인간은 어디까지
## 잠수할 수 있을까?

### ❖ 바다 속으로 잠수하는 방법

인간이 바다 속으로 잠수할 경우 현재는 크게  나누어서 두 가지 방법을 취한다.

첫째 방법은 환경압 잠수(環境壓潛水)라고 하는 방식으로, 인체(人體)가 바다 속의 압력에 직접으로 드러내어지면서 잠수하는 방법이다. 이 방법의 큰 장점은 육상에서 인간이 보이는 능력과 거의 다름이 없을 정도의 능력을 바다 속에서 발휘할 수 있는 점이다.

현대의 해중개발에서 이 환경압 잠수는 없어서는 안될 것으로 되어 있다. 특히 석유문명이라고 일컬어지며, 전체 석유에너지 소비의 25%를 공급하는 해저유전의 개발에는 인간에 의한 수중작업이 필요 불가결한 것으로 되어 있다.

이 환경압 잠수의 기술개발은 20세기에 들어와서 급속히 진전되었다. 1977년에 프랑스의 코멕스의 장수부는 깊이 501m의 바다 속에서 수중작업이 가능하다는 것을 실증했다. 또 1981년에는 미국 듀크대학의 그룹에 의해서 깊이 686m에 상당하는 고압 환경 아래서 잠수부가 거주한 후,  대기압 아래까지 생환(生還)하는 실험에 성공했다.

이와 같이 잠수기술의 개발과 더불어 근대문명은  해중산업(海中産業)이라는 거대한 시장을 낳는 동시에, 보다 훌륭한 잠수기술을 고안하여 서서히기는 하지만, 인간의 바다 속 활동이 육상과 마찬가지로 행동할 수 있을 뿐만 아니라, 보다 깊고,

넓게, 그리고 오랫동안 체재할 수 있는 잠수시스템으로의 연구 개발이 진전되고 있다.

둘째 방법은 인간이 들어가는 밀폐용기인 내압각(耐壓殼) 안을 육상의 기압과 같은 대기압 환경으로 만들어 잠수하는 방식으로서, 이것을 대기압 잠수라고 한다. 이 잠수방법으로 1960년 1월 23일(토)에 J. 피카르와 미국 해군대위 돈·월슈의 두 사람을 태운 대기압 잠수선 트리에스텔호가, 찰렌저 해연(海淵)의 깊이 10,916m에 도달했다. 이 때 심해저에도 길이 30cm, 너비 15cm의 넙치의 일종인 척추동물이 있는 것을 관찰했다(제4권-18. '심해어의 두 얼굴' 참조).

이와 같이 대기압 잠수선은 인간의 눈으로 직접 해저를 관찰하는 데에 적합한 아주 훌륭한 기능을 갖고 있지만, 그 반면 물 속에서 복잡한 작업을 하기까지에는 아직 이르지 못하고 있다.

인간이 어디까지 잠수할 수 있느냐고 하는 질문에 대해서는,

사진 1   1960년 1월 23일, 수심 10,916m의 잠수에 성공한 대기압잠수선
트리에스텔호

잠수만 하는 것이라면 이미 말한대로 J. 피카르의 예가 있다. 그러나 여기서 말하는 "인간이 어디까지 잠수할 수 있느냐"고 하는 것은, 인간이 육상에서와 같은 능력을 발휘할 수 있는 환경압 잠수를 말하고 있다.

즉 환경압 잠수에 의존하지 않고서는 인간이 바다 속의 세계를 정복했다고는 진정 말할 수가 없는 것이다. 그것의 커다란 이유는 대기압 잠수에 의해서 이미 인류는 세계에서 가장 깊은 해저를 관찰하고 있다. 그러나 태어나면서부터 면역(免疫)이 없는 인간이 무균실(無菌室)에서만 지낼 수밖에 없는 것과 마찬가지로, 대기압 잠수방식으로는 인간이 육상에서와 마찬가지로 해중활동을 할 수가 없기 때문이다.

다음에 그 환경압 잠수의 기술개발의 진전상황을 살펴보기로 하자.

❖ **환경압 잠수의 미래**

르네상스기 이후 환경압 잠수의 기술은 더디기는 했지만 발전해 왔다. 그래도 20세기 초까지에는 80m 가까이를 잠수하는 것이 고작이었다. 인간이 더 깊이 들어갈 수 없었던 큰 이유는, 고압공기를 호흡함으로써 나타나는 잠수장애[감압장애=減壓障碍 : 잠수병, 증상으로는 가려움증, 관절통, 근육통, 극도의 피로, 호흡장애, 전정(前庭)장애, 신경장애 등과 질소마취, $CO_2$ 중독, 산소결핍, $O_2$ 중독, 폐과압 상해, 물에 빠지는 등]를 극복할 수 없었기 때문이다. 그러나 미국의 G. F. 본스가 1958년에 포화잠수기술(飽和潛水技術)을 개발했다. 그 결과 인간은 심해의 고압환경에서도 장기간을 머물러 있을 수 있게 되었다.

포화잠수란 생체가 일정시간 동안 고압환경에 드러나 있으면 호흡가스의 분압(分壓)에 따라서 생체 내에 가스가 용해하고, 어떤 일정한 한계에 도달하면 그 이상 가스가 생체 내에서 용해하지 않게 된다. 이것을 포화상태라고 한다. 고압환경으로부터 대기압환경으로 돌아오는 데에는 감압(減壓)을 하는데, 포화한 후에는 다시 오랫동안 고압환경에 생체가 드러나더라도 감압에 소요되는 시간은 항상 일정하게 된다. 이 잇점을 이용하여 하는 것이 포화잠수라고 불리는 방법이다.

그런데 포화잠수에서는 고압환경을 시뮬레이트하는 시스템을 제외하고는 생각할 수 없기 때문에, 이 잠수시스템을 기능시키기 위해서는 잠수 지원선이나 그것을 움직이기 위한 인간과 기계의 규모가 더욱 커지고, 조작 절차가 복잡하며, 더구나 수심이 깊어지는데 따라서 잠수 코스트가 매우 비싸진다. 또 잠수시스템을 가압하기 위해서 헬륨(He)이라는 비활성가스를 사용했는데, 생리적인 문제(고압 신경증후군, 고압 관절증후군)가 발생하여 부적당하다는 것을 알게 되어, 현재는 이에 대체되는 새로운 잠수방법의 연구개발이 진행되고 있다.

이것들에 대해서 알아보기로 하자.

① 수소, 산소의 혼합가스에 의한 잠수

헬륨을 베이스로 한 잠수용 호흡가스는 어느 깊이(200m 보다 깊은 곳)를 지나면 고압 신경증후군이나 고압 관절증후군이 나타난다. 이같은 증후군(症候群)을 완화시키기 위해서 질소(N)를 첨가하는데, 그렇게 하면 호흡가스의 밀도가 증대하여 잠수부에게 호흡가스를 공급하는 장치의 기능이 저하된다. 그 결과 잠수부는 호흡곤란이 된다. 이 고밀도를 저감시키기 위해서는, 헬륨의 분자량의 절반인 수소(H)를 호흡가스로 쓰는 것이 좋다는 것을 알았다.

수소를 베이스로 한 호흡가스는 헬륨과 비교하여 호흡밀도가 절반으로 된다. 인간은 헬륨을 베이스로 한 호흡가스에 의해서 1981년 심도 686m에 해당하는 압력 아래서의 잠수에 성공했다. 이 때의 호흡가스밀도는 18g/$\ell$BTPS(밀도의 단위로서 체온,

**사진 2** 1983년 7월, 수심 90m에서 수소-산소의 혼합가스잠수에 성공한 코멕스의 드로즈씨 (53세)

대기압하, 수증기 포화상태로 환산했을 때의 1 $\ell$ 당 가스밀도를 나타내고 있다. 대기압 아래서의 공기는 1.1 g/$\ell$ BTPS이다)이었다. 만약 $H_2$-$O_2$의 혼합가스를 사용한다면, 깊이 1,400m까지의 잠수가 가능하게 된다.

이 수소-산소의 실험은 프랑스를 중심으로 1983년부터 인간에 의한 해중실험이 시작되었다. 1983년 10월에 프랑스의 코멕스의 잠수부는 수소-헬륨-산소의 혼합가스에 의해서 깊이 300m의 잠수 시뮬레이션실험에 성공했다. 또 코멕스의 연구자들은 1990년까지 수소-헬륨-산소의 혼합가스를 사용하여 1,200m 깊이의 물 속에서 작업을 할 수 있는 환경압 잠수시스템의 개발을 현재 정력적으로 추진하고 있다.

② **고밀도 호흡가스에 의한 잠수**

최근까지 포유동물을 고압, 고밀도 가스환경 아래인 20 g/$\ell$ BTPS 이상에서 24시간 이상을 드러나게 했다가 대기압 아래로 생환시키는 실험은 세계의 어느 연구그룹도 성공시키지 못했다. 그러나 1981년에 일본의 해양과학기술센터에서 깊이 500 m에 해당하는 아래서, 더구나 27g/ℓBTPS의 고밀도 가스 환경에다 고양이를 72시간 드러내 놓았다가 대기압 아래로 생환시키는데 성공했다. 그리고 1981년과 1983년에는 프랑스에서 이 실험의 추시가 실시되어, 깊이 1,200m 해당압(67g/ℓ BTPS) 아래서 고양이를 생존시키는 데에 성공했다.

이 사실은 앞으로 인간이 고압·고밀도 아래서 활동할 수 있는 가능성을 시사하는 중요한 실험성과로서, 이 연구가 더욱 진전됨으로써 인간은 전세계의 바다 속을 물고기처럼 장시간에 걸쳐서 깊고, 넓게, 그리고 자유로이 활동할 수 있게 될 것이다.

### ③ 폐식잠수

고대로부터 전해 오는 폐식잠수(閉息潛水)는 통상 폐식시간

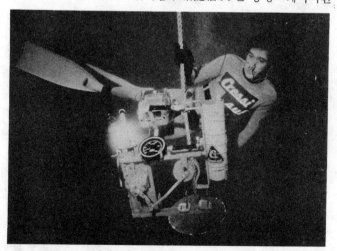

**사진 3** 1983년에 수심 105m의 폐식잠수에 성공한 프랑스인 잭·마이요르씨 (53세 당시)

(숨을 멎는 시간)이 최대 3분 전후이며, 도달 가능한 깊이는 40m였다. 그러나 훈련과 새로운 폐식잠수기술의 개발로, 예컨 대 순산소호흡을 30분간 한 뒤, 13분간이나 폐식시간을 연장 시킬 수 있게 되었다. 또 프랑스의 잭·마이요르는 1983년에 요가의 호흡법을 도입한 공기호흡으로서 깊이 105m의 폐식잠 수에 성공했다. 이 심해 폐식잠수기술이 발전하면 안전성이 높 은 더구나 잠수코스트가 싼 획기적인 잠수방법이 탄생하게 된 다.

### ④ 액체호흡

포유동물의 허파는 가스교환을 위해서 있다. 그 주된 기능 은 공기 속의 산소를 추출하여 혈액에다 주고, 정맥혈(靜脈血) 로부터 이산화탄소를 제거한다. 허파의 가스교환은 가스 대신 액체를 호흡매체로 사용해도 된다는 것은 이미 100년쯤 전부 터 신생아의 연구로부터 알고 있었다.

실제로 포유동물에 액체호흡이 가능하다는 것을 보인 것은, 1962년 네덜란드의 키스트라이다. 키스트라는 고분압(高分壓) 산소를 용해한 생리식염수 속에 라트 또는 마우스를 담구어 18 시간이나 액체호흡을 하게 해서 생존시키는 것이 가능하다는 것을 제시했다. 그 후 생리식염수로는 이산화탄소의 제거에 문 제가 있다는 것을 알고, 액체호흡의 매체로 플루오로카본이라 고 불리는 플루오르 탄소로써 이루어진 화합물로 불활성인 액 체를 사용하게 되었다. 플루오로카본액은 물과 비교했을 경우, 약 20배의 산소용해도를 가지며, 더구나 헤모글로빈의 수배 나 되는 이산화탄소 운반능력을 지닌 훌륭한 성질을 갖는 매 체였다.

플루오로카본액은 현재 하얀 인공혈액의 소재로서 사용되고 있다. 이 액을 사용한 액체 호흡실험은 마우스, 라트, 개 및 사 람의 경우에서도 성공하고 있는데, 나아가 액체호흡의 생리적

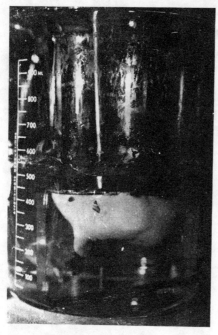

사진 4 생리식염수 속에서
액체호흡을 하는 마우스

기서(機序)의 해명과 액체호흡의 매체의 진전에 대한 실험연구
를 계속하고 있다.

이 연구가 진행되면 인간은 물고기처럼 액체호흡에 의해서 심
해잠수가 가능하게 된다. 또 이 잠수법은 가압과 감압을 극히
단시간에 할 수 있는 새로운 잠수방법의 탄생에 이어지게 된다.

⑤ 인공심폐에 의한 잠수

물 속에서 인간이 활동하기 위해 필요로 하는 에너지의 산
생(産生)에 필요한 산소섭취나 이산화탄소 배출을 호흡가스의
교환을 관장하는 허파를 쓰지 않고, 직접 인공심폐(人工心肺)를
사용하여 산소-이산화탄소의 가스교환을 하여 잠수하는 방식
이다. 이 잠수방법이 완성되면 물고기와 마찬가지로 인간은 바

다 속을 자유로이 활동할 수 있게 된다. 때때로 인공심폐의 카트리지를 교환함으로써 무한정 바다 속에서의 체재가 가능해지는 참으로 편리한 잠수방법이다.

이상, 여러 가지 환경압 잠수기술의 개발 가능성에 대해서 부각시켜 보았다. .어느 잠수방법도 앞으로의 과학적 지식의 축적에 의해서 하나씩 실현되어 갈 것으로 생각한다.

# 25. 오염된 바다

　가없이 푸른 바다를 배는 일본으로 다가 가고 있다. 드디어 보소(房總)반도가 가까이에 보이기 시작한다. 2개월이 넘은 긴 항해도 마지막이 가까와졌다. 다테야마(舘山)를 오른편에 보면서, 우라가수도(浦賀水道)를 지나 간논자키(觀音崎)와 도미쓰곶(富津岬)의 좁은 수로를 빠져나가면 거기가 도쿄만(東京灣)이다. 갑자기 바다 색깔이 바뀌어진다. 마치 물을 탄 .연한 간장색이다. 나날이 푸른 바다에 둘러 싸였던 눈으로 볼 때, 마치 자신이 지금 하수처리장에 있는 듯한 착각에 사로잡힌다.

　1972～3년경 수은과 PCB로 오염된 물고기가 전국 각지에서 발견되었다. 바다의 오염이 미나마타만(水俣灣) 등의 특정 해역에 한한 것이 아니라, 우리 주변의 바다까지 확대되어 있는 사실이 밝혀졌다. 일상생활에서는 별로 사용하지 않는 ppm이라는 농도를 나타내는 단위가 나날이 들려오곤 했다.

　1974년 봄, 도서관에서 무심코 읽고 있던 「사이언스」라는 과학잡지에서 흥미있는 논문을 발견했다. 미국의 캘리포니아 대학의 쫘이화·쨔우 등이 남캘리포니아 연안의 해저퇴적물 표층에 납의 농도가 이상하게 높다는 것을 발견했다. 그 납의 동위체 존재비를 측정해 보았더니, 퇴적물의 납 동위체 존재비(同位體存在比)와는 두드러지게 달랐다. 그리고 가솔린에 첨가해 있는 4에틸연의 동위체 존재비와 가깝다는 것을 알았다. 그들은 '가솔린의 연소에 의해서 납이 대기로 방출되어 바다까지 오염되기에 이르렀다'고 결론지었다. 해저의 퇴적물이 바다의 최근의 오염을 기록하고 있는 것이라고 하겠다.

전에 배에서 바라다 본 도쿄만의 그 바다색깔이 떠 올랐다. 도쿄만은 항만으로서나 공업지대로서도, 또 인구의 밀집지대로서도 세계 최대규모의 내만(內灣)이다. 이에 수반하여 자연이 상실되고 오염이 진행되었다.

이 도쿄만의 바다가 오염되어 온 변천을 퇴적물로부터 복원할 수는 없을까? 도쿄만의 퇴적물을 갖고 있는 사람은 없을까? 그런 일을 몇 사람에게 물어 보았지만, 결국은 자기 자신이 시료(試料)를 채취해야 한다는 것을 알았다. 그래서 도쿄만으로 해저퇴적물을 채취하러 나섰다. 여러 번 실패를 거듭하면서 겨우 깊이 1m의 퇴적물을 채취할 수 있었다.

이 시료의 수은, 카드뮴, 납 등 유해금속을 표면에서부터 차례로 깊은 데까지 분석해 보았다. 그 결과를 그림 1로 나타내

사진 1   도쿄만의 해저퇴적물의
채취

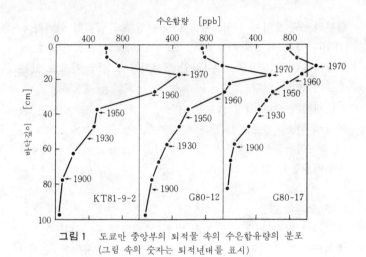

수은함량 [ppb]

**그림1** 도쿄만 중앙부의 퇴적물 속의 수은함유량의 분포
(그림 속의 숫자는 퇴적년대를 표시)

었더니 오염을 가리키는 멋진 곡선이 얻어졌다. 그림1에 수은의 곡선을 보였는데, 깊이 80 cm에서부터 표면으로 향해서 급격하게 증가하고 있다.

퇴적물은 눈처럼 차례로 내려 쌓이기 때문에, 이 분포는 도쿄만의 오염의 역사를 나타내고 있다고 보아도 될 것이다. 그러나 그 퇴적년대를 모른다면 그림의 떡이다.

방사성(放射性) 납 – 210을 사용한 퇴적물의 연대측정이 1970년대 초부터 제창되고 있었다. 이 방법을 쓸 수 없을까 하고 즉시 시험해 보기로 했다. 퇴적물로부터 납을 분리하는 간단한 방법을 생각하여, 납–210의 방사선인 약한 β선을 분석하여 연대를 알아보려는 것이다. 방사능측정은 지바(千葉)에 있는 방사선의학연구소에 부탁했다. 측정결과를 기대와 불안이 뒤섞인 심정으로 기다렸다. 결과는 예상했던 그대로였다.

이 납–210의 방사능측정에 의해서 퇴적년대를 결정할 수 있었다. 이 연대를 그림1의 수은의 분포에 첨가하면, 1900년 무럽부터 수은오염이 시작되어, 1950년경부터 급격히 악화하여, 1970년에는 최고에 이르렀다. 그 농도는 오염되기 전의 20배 이상이었다. 1970년 이후 약간 개선되어 오늘에 이르고 있는 것을 읽을 수 있다.

현재까지 수은 외에 카드뮴, 비소, 납, 구리, 크롬, 아연 등의 금속원소, 질소, 인 등의 영양원소, PCB, ABS 등의 인공 유기화합물의 오염역사도 알게 되었다. 어느 것도 다 생산·소비활동과 밀접한 관계가 있다.

### ❖ 오염의 범인

오염의 역사를 알면 오염의 범인을 규명할 수 있다. 과학은 범죄수사와 흡사하다. 범죄현장을 정밀하게 조사하여 움직일 수 없는 증거를 찾아내는 것이다. 그 예를 두, 셋 들어 보기로 하자.

미국의 워싱턴대학의 에릭·크레셀리우스 등은 퓨젓만의 해저퇴적물을 분석했더니, 이상하게 높은 농도의 비소를 발견했다. 비소는 인체에 맹렬한 독의 원소인데 근처에 비소를 사용하고 있는 공장은 없었다. 그들이 납-210법을 사용하여 퇴적물의 연대를 측정했더니, 비소의 오염은 80년 전부터라고 밝혀졌다. 그리고 만에 인접하는 구리제련소의 조업 개시년과 일치했다. 제련소를 자세히 조사해 보았더니, 제련소의 굴뚝에서 대량의 비소가 방출되고 있는 것이 발견되었다. 이렇게 해서 비소오염의 범인이 발견된 것이다.

바다의 중금속오염의 커다란 비극이 미나마타병(水俣病)이라는 것은 누구나 알고 있다. 일본 규슈(九州)의 야쓰시로만(八代灣)에 면한 미나마타(水俣) 주변지역에서 1945년대 후반서부터 신경계통 질환이 발생하기 시작했다. 1959년에 들어와서 미나마타병이 수은중독이라는 것을 알고, 질소 미나마타공장

의 초산공장의 알데히드공정에서 만들어지는 메틸수은이 원인
인 것이 규명되었다. 메틸수은은 폐수와 함께 미나마타만으로
방류되어, 오염된 어개류를 섭취함으로써 환자가 발생한 것이
다. 1968년 질소 미나마타공장의 알데히드공정이 폐쇄되고,
1973년 질소주식회사에 대한 손해배상 판결이 내려졌다.

진쓰강(神通川)의 이타이이타이병은 카드뮴에 의한 것이다.
카드뮴도 수은도 원래 자연계에는 극히 미량밖에 존재하지 않
는 원소이다. 그러므로 이들 원소의 인간에 의한 이용은 환경
농도를 높여서 오염과 공해로 진행하기 쉽다고 할 수 있다. 미
나마타나, 진쓰강의 비극을 결코 잊어서는 안된다. 환경을 보
호하고 공해와 싸우는 마음은 인간으로서 인간답게 살아 가는
원점(原點)이라고 생각한다.

# 26. 죽음의 바다 ― 흑해와 도쿄만

지금은 거의 해가 없는 것으로 되었지만, 화산성(火山性) 이 산화황(SO₂)이나 황화수소(H₂S) 때문에 생물이 살 수 없는 땅이 지구 위에 수많이 알려져 있다.

마찬가지로 바다에도 생물의 존재를 거부하는 특별한 수괴(水塊)가 훨씬 큰 규모로 형성되어 있다.

### ❖ 흑해 ― 자연의 장난

이같은 죽음의 수괴(水塊) 중에서도 가장 큰 것이 흑해(黑海)이고, 두 번째인 칼리아코의 해저협곡(海底峽谷 : 중미의 베네주엘라 연안 부근)을 규모상으로는 훨씬 능가하고 있다.

흑해는 소련, 루마니아, 불가리아, 터키에 둘러싸인 내해(內海)로서 그 면적은 일본이 다 들어가고도 남을 정도이다. 이 바다는 길죽한 해협을 통해서 지중해와 근소하게 이어져 있는데, 평균 수심이 1,300m로 깊은데다 도나우, 도니에프르 같은 큰 하천으로부터의 경수(輕水)가 위에 고이기 때문에, 해수의 상하 혼합이 매우 나쁘다. 그 때문에 약 200m보다 깊은 곳에는 산소(O₂)가 도달하지 못한다.

바다 표층에서 태어나서 죽는 플랑크톤이나 물고기 등의 시체는 박테리아에 의해서 분해되면서 아래쪽으로 가라앉는다. 산소가 없는 수층에서도 특별한 종류의 박테리아들에 의해서 이 분해는 느릿하게 진행되고 있다. 그런데 그들 박테리아 중에는 황산염 환원세균(黃酸鹽還元細菌)이라고 불리는 박테리아가 있는데, 이것이야말로 바로 흑해의 검은 물을 만드는 일꾼이다. 황산염 환원세균은 이름 그대로 해수 속에 많이 녹아있는 황산염을 화학적으로 환원하여 독이 있는 황화수소를 끊임없이 만들어 낸다. 만들어진 황화수소의 일부는 해수 속의 철과 화합하여 흑색 황화철이 된다. 이렇게 해서 흑해의 수심 200 m보다 깊은 수층은 박테리아만이 군림하는 죽음의 세계로 되어 있다.

하지만 흑해에서는 200m보다 얕은 층이나, 연안에 가까운 해저에는 황화수소가 도달하지 않기 때문에, 거기에는 동식물 플랑크톤에서부터 많은 종류의 물고기, 나아가서는 돌고래에 이르기까지의 풍부한 생물상(生物相)을 볼 수 있다. 또 그 아름다운 해안에는 얄타, 소치, 바르나 등 유명한 요양지와 해수욕장이 늘어서서 각국으로부터 찾아오는 관광객으로 붐비고 있다.

## ❖ 오탁이 가져다 주는 죽음의 바다

최근에 이르러 해양의 오탁·오염이 세계적으로 확산되는 가운데서, 본래는 수많은 생물들의 서식지였던 곳이, 검은 죽음의 바다로 바뀌어지고 있는 곳이 늘어나고 있다.

일본의 도쿄만은 그 전형적인 예라고 할 것이다.

흑해에 비하면 도쿄만의 해수교환은 훨씬 빨라서 약 1개월이면 외양수(外洋水)와 교체된다고 한다(흑해에서는 2,500년!). 더구나 내만(內灣)의 수심도 평균 15 m 정도이므로, 본래라면 저층까지 산소가 충분히 공급되어야 할 것이다.

그런데 육지로부터 흘러 드는 오탁유기물의 양이 많아지면, 그것이 박테리아에 의해서 분해될 때에, 물 속의 산소가 급속히 소비되어 산소의 공급이 수요를 따라가지 못하게 된다. 이렇게 되면 거기는 황산염 환원세균의 활약무대로 변하고, 그들은 해저에 고이는 유기물을 먹으면서 대량의 황화수소를 만들어 내게 된다.

오탁의 영향은 그뿐이 아니다. 만(灣)으로 흘러드는 오탁물, 특히 인과 질소는 만내의 식물플랑크톤을 크게 증식시키는데, 그 플랑크톤은 죽은 뒤 해저로 가라앉아, 앞에서 말했듯이 황산염 환원세균의 기능을 더욱 높여주게 된다. 이렇게 해서 만들어진 황화수소는, 해저로부터 해수 속으로 녹아나와서 죽음의 세계를 차츰 확대해 간다.

만 안의 해저에 고여있는 이같은 산소가 없는 죽음의 수괴(水塊)는 강한 바람이 연안의 표층수를 앞바다쪽으로 밀어 보낼 때는, 그와 대체되는 형태로, 해저를 타고 연안으로 밀어 닥쳐, 거기에 사는 물고기와 조개에 큰 피해를 준다. 이것이 이른바 청조(青潮)이다.

도쿄만의 오탁은 1960년대의 경제 고도성장 때에 급격히 진행되어 한때는 만내 해저의 대부분이 죽음의 바다로 바뀌어지는 듯한 상태였다(그림 1).

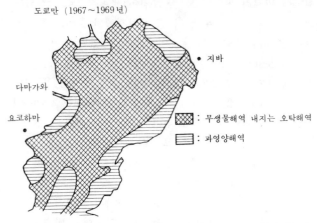

도쿄만 (1967~1969년)

• 지바

다마가와

요코하마 •

▨ : 무생물해역 내지는 오탁해역

▤ : 과영양해역

**그림 1** 도쿄만의 바닥질의 무생물해역 (1967~1969년 당시)
〔Kitamori 1970에 의함〕

그 후 경제성장이 일단락되고 불황이 장기화하면서 만의 오탁도 소강상태를 유지하고 있는 것 같다.

그러나 불황이 아니면 자연의 아름다움을 보전할 수 없다고 한대서야, 경제활동이 활발해지면 다시 자연이 파괴되고, 환경이 오염될지 모를 일이다. 최근의 도쿄만의 재개발 움직임 등을 보면, 이같은 기우(杞憂)가 결코 기우로서만 그칠 것 같지 않다.

작게는 미생물과 플랑크톤으로부터, 크게는 물고기나 새에 이르기까지, 무한히 많은 종(種)의 바다의 생물과 인간이, 평화 속에 공존을 꾀해 갈 것인지, 아니면 죽음의 바다를 넓혀 가면서 오로지 생산활동만을 추구해 갈 것인지, 우리는 지금 그 선택을 강요당하고 있다.

# 27. 바다를 더럽히는 석유의 행방

❖ **바다를 흐르는 석유**

해저의 유전으로부터 석유가 흘러 나와서 바다를 오염시킨다는 것은 유사 이전부터 이미 알고 있었던 것 같다. 그러나 석유에 의한 바다의 오염은 현대에 와서, 특히 제2차 세계대전 이후에 세계의 석유소비량이 비약적으로 증가한 데에 수반하여 심각한 문제로 등장했다.

1967년 잉글랜드 남동해안에서 일어난 토리·캐니온호의 사고는 2만 수천 마리의 바닷새를 비롯하여 많은 어패류(魚貝類)와 해조(海藻)를 죽게 하고 손해총액이 당시의 금액으로 5조 원을 넘었다고 했다. 이 사고는 석유오염의 무서움을 세상 사람들에게 알려준 점에서나, 또 사고 후에 취해진 과학적인 추적 조사의 규모의 크기에서도 역사적인 것이었다고 할 것이다. 토리·캐니온호 사고 이후에도 큰 해난사고에 의한 석유오염의 뉴스는 끊이지 않는다. 최근에는 북해나 페르시아만 연안 등 해저유전으로부터의 석유 유출사건이 눈에 띄며, 폭풍우나 예측할 수 없는 사태에 대한 해저유전의 취약점이 새삼스럽게 지적되고 있다.

온 세계의 바다가 도대체 얼마만큼의 석유로 해마다 오염되고 있느냐에 대해서는, 많은 전문가들에 의한 어림이 나와있다. 미국 과학아카데미에 의한 시산 결과를 표1에 보여 두었다.

큰 해난사고에 의한 석유의 유출은 사람들의 이목을 끌고,

표 1  세계의 바다의 석유오염

| 오염의 원인 | 오염량[만톤] |
|---|---|
| 석유의 해상수송 | 213 |
| 해저에서의 채유 | 8 |
| 연안의 석유정제 | 20 |
| 공장 폐수 | 30 |
| 도시 폐수 | 30 |
| 도시 빗물 | 30 |
| 하천수 | 160 |
| 자연오염 | 60 |
| 빗물 | 60 |
| 합계 | 611 |

국소적으로 생물이나 연안의 시설에 커다란 손해를 주는 일이 많기 때문에 메스컴을 잘 탄다. 그러나 표 1 로도  알 수 있듯이 선박이나 육지로부터의 일상적인 오염쪽이 실제의  양으로서는 더 많다. 서두에서 말한 자연적인 석유의 유출량은 전체의 약 1/10 로서, 연간 약 60 만톤 정도이지만, 그렇더라도 오랜 지질시대(地質時代)에 걸쳐서 이같은 유출이  계속되었다고 생각하면, 그 총량은 수십조 톤을 훨씬 웃도는 거대한 양이었을 것이 틀림없다. 이같은 대량의 석유는 도대체 어디로  갔을까 ?

❖ **해면을 표류하는 석유는 ?**

누구나 알고 있듯이, 석유는 물보다 가볍기 때문에  바다로 흘러 나간 석유는 먼저 해면 위로 확산한다. 확산되는  속도에 대해서는 많은 연구가 있다. 예컨대 4 $\ell$ 의 원유를  바다에 흘려 보내면 40 ~ 100 시간 사이에 사방 4 km 로  확산하고, 그 주변에서의 석유의 막의 두께는 1 mm 의 1 만분의 1 정도에 이른다고 한다. 확산한 석유 중의 휘발성분은 며칠 사이에  공기 속으로 휘발해 버린다. 석유의 성분은 산지에 따라서  큰 차이가 있는데, 이같은 휘발성분(약 150℃까지의 끓는점 부분)은 용적으로 환산해서 20~30%를 차지하는 것이 많은 것 같다.  물론 휘발한 성분이라고는 하지만 그 대부분은 조만간 빗물과 함께 바다로 되돌아 오게 된다.

바다에 남은 석유는 파도에 부대끼면서 차츰  유화(乳化) 하여 크고 작은 에멀션입자(emulsion 粒子)를 만든다.  이리하여 입자모양이 된 석유입자는 해수 속의 다른 입자 등을 흡착하여 차츰 무거워져서 물 속으로 가라앉는다.  한편 이들 기름입자의 일부는 서로 엉켜서 이른바 oil ball이 되어서 해면을 떠돌아 다니고, 어떤 것은 멀리 떨어진 뭍으로 흘러 가서 그  해안을 오염시키게 된다.

### ❖ 석유를 먹는 박테리아

아무리 형태를 바꾸었다고 해도 석유가 석유인 한, 바다 속의 석유는 해마다 증가 일로에 있을 터인데, 현실은 그렇지 않다. 바다 속에는 눈에 보이지 않는 무수한 청소꾼 ― 박테리아 ― 가 있어서, 흘러드는 석유를 먹고 그것을 물과 이산화탄소로 바꾸어 놓고 있기 때문이다.  바다 속에서의 석유의 분해는,  일부는 자동산화(自動酸化)라고 하는 화학반응에 의해서도  일어 나지만 대부분은 박테리아의 활동에 의한다.  박테리아는 석유를 섭취하여 체내에서 연소시켜 자신이 이용하는 에너지로 변환하고 있다.

이같이 바다 속으로 들어간 석유가 최종적으로는 박테리아에 의해서 분해되기까지의 과정을 그림 1로 나타낼 수 있다.

석유를 분해하는 박테리아는 지금까지 바다 속으로부터 100 여 종의 것이 보고되어 있는데, 실제로 바다에는 보다 많은 종류의 석유분해균이 있을 것으로 생각된다.  박테리아가 생존하기 위한 영양분이 풍부한 연안이나 내만해역에서는 이같은 석

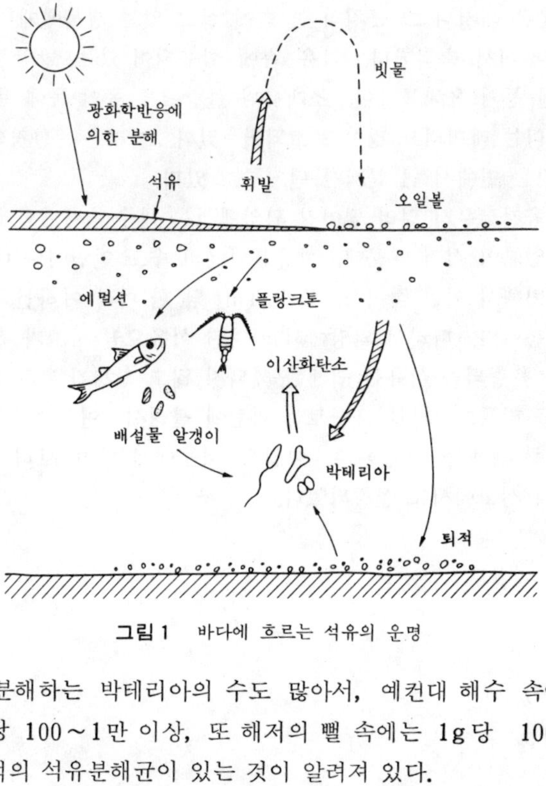

**그림 1**  바다에 흐르는 석유의 운명

유를 분해하는 박테리아의 수도 많아서, 예컨대 해수 속에는
1 m$\ell$ 당 100～1만 이상, 또 해저의 뻘 속에는 1 g 당  100만
～10억의 석유분해균이 있는 것이 알려져 있다.

석유 속에는 수백을 헤아리는 성분이 함유되어 있는데, 이 중
에서 박테리아에 의해서 분해되기 쉬운 것은 비교적 작은 분자
의, 그 형태가 단순한(곧은 사슬형의 탄화수소) 성분이다.  내만이
나 하구수역과 같은 석유분해 박테리아가 많은 곳에서는, 이같
은 성분은 수온만 높으면 1 주일 정도면 분해되어 버린다.

한편 석유성분 중에는 박테리아의 작용에 대해서  강한 것이
있어, 이같은 성분이 해저의 뻘 속으로 끼어 들거나 하면 그 분
해가 좀처럼 진행되지 않는다.  이렇게 해서 분해를  모면한 석

유성분은 해저나 그 근처의 물 속에 살고 있는 생물에게 먹이로 먹히어서 축적된다. 석유 속에 함유되어 있는 발암성 벤츠필렌 등의 유해물질이, 조개류나 플랑크톤 등의 몸에 축적되어 있다는 데이터도 많이 보고되어 있다. 이것은 환경의 안전이라는 면에서 큰 문제를 던져주고 있다.

또 육지로부터 멀리 떨어진 외양에서는 해수 속에 박테리아의 영양분이 적기 때문에, 석유분해균의 수도 연안이나 내만해역에 비해서 훨씬 적어서, 해수 1mℓ당 한 마리 이하인 경우도 보통이다. 따라서 외양에서 커다란 석유오염 사고가 생겼을 경우, 유출되는 석유는 쉽게 분해되지 않고 장시간에 걸쳐서 해상을 떠돌아 다니며, 때로는 바람에 불려서 연안으로 밀려와서 큰 피해를 주게 된다. 이것은 서두에서 말한 토리·캐니온호의 사고에서도 실증되었다.

# 28. 매립의 공과

　일본의 경제가 무역에 의존하고 있다는 것은 주지의 사실이다. 무역을 하는 데는 대량의 물자를 운반할 수 있는 대형선박을 위한 큰 항구가 필요하다. 1860년대 후반의 메이지(明治) 이후, 일본의 요코하마(橫濱)와 고베(神戶)는 항구가 있는 도시로서 발전해 왔지만, 좋은 항구가 될 수 있는 곳은 한정되어 있었다. 대형 선박을 통과시키려면 어느 정도의 수심이 필요하고, 또 외양의 거치른 파도의 영향이 적은 만(灣)이어야 하는 등의 조건이 필요하며, 멀리까지 수심이 얕은 해안이나 외양을 직접으로 면하고 있는 바닷가에서는 큰 항구를 만들 수가 없었다.

　그러나 최근의 매립기술은 이 좋은 항구가 형성되는 조건을 일변시켰다. 준설에 의해서 해저를 파내리고, 그 해저의 토사로 해안을 매립하면, 거기에 항구를 만들 수 있게 되었다. 이 방법은 멀리까지 수심이 얕은 해안을 훌륭한 항만 예정지로 바꾸어, 일본 각지의 개펄이 놀라운 속도로 항만과 그것에 직결된 매립지로 변모했다. 특히 세도나이카이(瀨戶內海)나 도쿄만 등의 개펄부분은 이같은 조건에 적합했기 때문에, 지금은 자연의 개펄이 아주 조금밖에 남아 있지 않다. 일본의 고도 경제성장은 이 개펄매립에 의한 공업지와 항만의 확대가 큰 기둥이 되어서 이룩되었다고 말할 수 있다.

　매립은 바다나 뭍에 대해서도 커다란 환경변화이다. 뭍에 대한 직접적인 영향으로는 내륙부로의 염해(鹽害)로서 나타난다.

**그림 1** 메이지 (明治) 이후의
도쿄만의 매립 [일본과학자회의,
1979를 일부 개변]

멀리까지 수심이 얕은 바다에서는 큰 파도도 해저가 얕아짐에
따라서 차츰 허물어지며 에너지를 상실하게 되는데, 매립지의
호안(護岸)으로는 큰 파도가 직접 충돌하기 때문에 물보라가
높이 치솟고, 그것이 바람을 타고 내륙부로 운반되어 염해(鹽
害)를 일으킨다. 염해가 미치는 범위는 꽤나 넓어서, 해안으로
부터 10 km 이상이나 떨어진 곳에서도 소금기 때문에 창문이
하얗게 더러워지는 일이 있다. 사회적으로도 공장의 집중에 수
반하는 공해문제, 시민의 리크레이션 지역이 없어지는 등 매립
은 꽤 많은 문제를 일으키고 있다.

또 매립은 바다에 있어서도 더욱 심각한 문제를 낳고 있다.
우선 첫째로 지금까지 해양생물이 서식하고 있던 터전, 더구나
그 터전은 생물의 다양성과 생산력이 가장 높고, 연안 생태계
의 중심이 되어 있던 곳인데도 이것이 영원히 사라지게 된다.

동시에 앞바다의 해저도 준설로 깊어지고, 매립에 따르는 부니 (浮泥)의 퇴적으로 말미암아, 일시적으로 매립지 주변은 생물이 거의 생활할 수 없는 상태가 된다. 둘째로는 매립지로 진출해 오는 기업이나 주민의 배수에 의해서 유기물과 무기물의 연안으로의 공급이 증가하여, 연안해역의 부영양화(富榮養化)가 가속되는 결과 연안생물의 회복을 제한시켜 버렸다.

매립되기 전의 개펄이나 멀리까지 수심이 얕은 해저는 어업생산력과 해수의 유기물 정화력이 강한 해역이었다. 바지락 등의 이매패나 참갯지렁이 등의 저서생물이 해수 속이나 해저의 유기물을 잡아먹고 생물생산과 결부되어 있었다. 이매패가 많은 개펄에서는 밀물 때에 해수가 개펄을 덮을 때마다, 그 해수가 한 번씩 이매패의 체내에서 걸러질 만큼 이매패의 여수력(濾水力)이 높다고 한다. 앞바다에서 적조(赤潮)가 발생해도 개펄을 덮고 있는 해수가 깨끗하고 맑은 것은 이 때문이다. 개펄의 생물은 적조(赤潮)로서 대표되는 부영양적(富榮養的)인 환경에서 만들어지는 많은 유기물조차도 먹이로서 섭취함으로써, 높은 생산력을 갖는 연안생태계를 유지하고 있었던 것이다(제3권 - 24, 25. 참조).

직접적인 매립을 벗어난 앞바다에서도 매립 후에 매립 전의 상태로 생물이 회복하는 일은 거의 불가능하다. 보리새우나 가자미의 한 무리는 어린 시절을 개펄이나 그 주변의 얕은 여울에서 성장하여, 이윽고 앞바다로 나간다. 그들에게 있어서 매립은 생활 사이클의 출발점인 터전이 없어져 버린 것이 된다. 또 매립지나 방파제의 건설에 의해서 바다의 조수의 흐름이 크게 변화하고, 때로는 해저의 물의 이동이 적어져서 바닥질(底質)을 악화시키는 수도 있다. 특히 준설에 의해서 해저의 모래를 빼앗겨 깊은 큰 웅덩이로 되어버린 곳에서는 물의 정체(停滯)현상이 일어나기 쉽고, 해저까지 산소가 공급되기 어렵게 되므로 생물의 회복이 불가능한 경우도 있다.

부영양적(富榮養的)인 해역에서도 유기물이 많이 존재하기 때문에, 그것들을 분해시키기 위해서는 다량의 산소가 필요하게 된다. 개펄이나 얕은 여울에서는 공기와 해수의 가스교환이 이루어지기 쉽고, 동시에 식물의 광합성에 의해서 산소의 방출로 이루어지고 있기 때문에, 물 속의 산소가 부족되는 일은 거의 없다. 빛을 사용하여 식물플랑크톤이 광합성을 할 수 있는 것은 투명도의 2배가 되는 깊이까지라고 한다. 부영양적인 해역에서는 투명도가 좋아야 10m정도이고 보통은 5m 이하인데, 적조 때는 1m도 채 못되는 경우가 있다. 따라서 광합성에 의해서 산소를 얻을 수 있는 것은 극히 얕은 곳에 한정되어 있으며, 그보다 깊은 곳에서는 해수의 혼합에 의해서 운반되는 산소의 공급이 해산생물의 서식을 가능케 하는 기본적인 요소로 되어 있다.

적조의 발생은 봄부터 초가을에 걸친 해수의 온도가 높아지고 있는 시기에 자주 일어난다. 이 시기는 해수의 표층수가 따뜻하고 비중도 가벼운데, 저층수는 비교적 차고 무겁기 때문에 해수의 혼합이 일어나기 어렵고 해저의 산소가 부족하기 쉽다. 해저에 만들어진 큰 웅덩이는 해수의 교환이 매우 나빠지고, 산

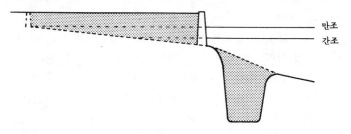

만조
간조

**그림 2** 준설 매립에 의한 해안지형의 변화[어두운 부분은 매립에 사용된 모래를 표시]

소가 결핍되기 때문에 생물이 살 수 없는 거대한 무생물역으로 되어 있는 일이 많다.

이상과 같이 내만(內灣)의 매립은 매립된 해안뿐 아니라, 그 앞바다까지 포함하여 생산성이 높은 수역을 대규모(大規模)로 없애고 있다. 매립지의 확대는 공업생산 등 경제발전에 이바지 하는 일면도 있지만, 그 반면 수산자원을 만들어 내는 풍요로 운 어장, 마음을 안정시켜 주는 깨끗한 해안이 영구히 없어져 가고 있다는 사실도 잊어서는 안될 것이다.

# 29. 바람직한 수계

### ❖ 보기 좋은 경치란?

지구는 물의 행성이라고도 불리듯이, 우리 주위에는 물을 포함하는 경치가 여기 저기에 많다. 이 물가에 서서 주변의 경치를 살펴볼 때 안정감을 느끼는 장소와 그렇지 못한 장소가 있는 것은 불가사의한 일이다. 그러나 우리의 직감에 호소하는 감각적인 것을 과학의 말로써 설명하기는 매우 곤란할 것이다.

인간은 제각기 다른 가치관을 지니고 있다. 예컨대 리크레이션이 목적인 사람에게는 바다는 한없이 깨끗해야 할 것이고, 어부에게는 어느 정도 영양분이 많고, 물고기가 많은 것이 바람직할 것이다. 물질순환이라고 하는 입장에서 살펴보면, 어떤 풍경이 아름답게 느껴지는 경우는, 눈에 비치는 물질의 변동이 적고, 어느 정도 안정되어 있다고 말할 수 있을 것 같다.

구체적인 예로서 계열 내로의 질소라든가 인의 공급이 많은 논과, 오탁이 진행된 내만(內灣)을 비교해 보자. 논은 모심기 때나, 벼 이삭이 무성할 때도 우리에게는 고향을 생각하게 하는 그립고 기분좋은 경치의 하나이다. 기분좋은 경치를 제공해 주는 동시에 풍요로운 수확도 안겨 준다는 의미에서, 논은 인간이 지표에 대한 작용과 자연계와의 조화를 고도로 이룩한 예술작품이라고 해도 지나친 말이 아닐 것이다.

그렇다면 논과 적조가 발생하는 내만과는 무엇이 크게 다를까? 첫째로 들 수 있는 것은 직접 질소나 인의 흡수모체(吸

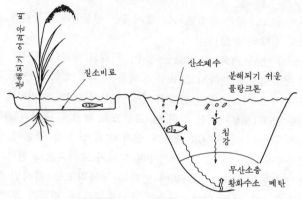

**그림 1** 논과 부영양화한 내만

收母體)가 되는 광합성식물의 안정성이 크게 다르다는 점이다. 논에서는 벼가 무성하고, 이 유기물로서의 벼는 타임 스케일로서는 1년의 주기에 있었던 분해과정으로 짜넣어지고, 나머지는 부식물질(腐蝕物質)로서 토양의 비옥도(肥沃度)를 향상시키는 데에 기여한다. 한편 적조의 경우는 거기에 생육(生育)하는 미소조류(微小藻類)는 벼에 비해서 죽은 뒤에 급속히 분해하는 불안정한 유기화합물이라고 할 수 있다.

### ❖ 산소의 역할

유기물의 분해에 직접으로 관여하는 것은 산소이다. 지구 위의 많은 생물의 대부분은 호기적(好氣的) 조건 아래서 산소호흡을 하고 있다. 이들 생물에게 있어서 이 호기적 조건은 편리하고 바람직한 환경이지만, 한 번 산소가 없는 곳이 부분적으로라도 나타나면, 계열 내의 산소분압(酸素分壓)이 낮아지고, 또 생명의 유지에 해가 되는 황화수소, 그 밖의 악취를 수반하는 물질 등이 만들어져서 생명의 존속마저 위협하는 사태가 된다. 산소의 공급속도가 충분한 계열에서는 이같은 사건이 일어

나지 않고, 많은 물질변화는 호기적인 생물에게 바람직한 방향
으로 진행하게 된다.

논과 내만(內灣)을 비교할 경우, 각각의 수계(水界)는 산소
의 공급속도에 관해서 고유한 능력을 지니고 있다. 논에 담겨
진 물에도 미소조류가 활발히 증식하여 적조상태가 진행되지만,
이들 조류(藻類)는 물 밑의 뻘 표면으로 빠르게 내려가는데다,
논은 수심이 매우 얕기 때문에 공기 속의 산소가 충분히 논의
표층수에 공급되고, 또 유기물의 분해가 호기적으로 진행되어,
토양표층은 비록 수mm밖에 안되는 두께라고는 하지만 항상
산화층으로 덮여 있다. 산소의 소비속도라는 면에서 보면 이
수mm의 산화층이 있다는 것은 산소를 충분히 함유하는 수심
수십m층의 물이 존재하는 것과 마찬가지 효과를 지니고 있다.

이것에 대해서 중간 정도의 깊이의 내만에서는 생육한 식물
플랑크톤의 양에 비해서 분해에 필요한 용존산소가 부족하고,
또 공기 속으로부터의 확산도 표면수에 한정되기 때문에 중·저
층에 무산소층이 생기는 결과가 된다.

### ❖ 각 수계의 산소 공급량

지금 강이 흘러 들고 있는 만(灣)을 생각해 보자. 산소의 주

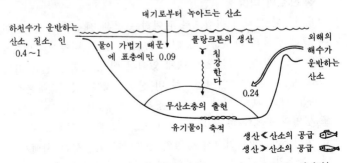

하천수가 운반하는
산소, 질소, 인
0.4～1

대기로부터 녹아드는 산소

물이 가볍기 때문
에 표층에만 0.09

플랑크톤의 생산
침
강
한
다

외해의
해수가
운반하는
산소

0.24

무산소층의 출현

유기물이 축적

생산 ＜ 산소의 공급
생산 ＞ 산소의 공급

**그림 2**  유기물의 생산과 산소의 공급 (숫자는 도쿄만 내만의 예, 상대값)

공급원은 그림 2에서 알 수 있듯이, 하천수에 의해서 운반되어
오는 산소와 외양수가 만 내로 흘러 들면서 운반해 오는 산소,
표면의 요란에 의해서 대기 속으로부터 흡수되는 산소로 그 종
류가 나뉘어진다. 이같은 경로로 만 내로 운반되는 산소량에
비해서, 만 안에 고이는 유기물의 양이 훨씬 적으면 물은 항상
호기적(好氣的)으로 유지되고 물고기는 어디서나 살 수 있다.

만 안에서는 질소의 순환으로 보더라도

산소가 있는 곳 산소가 없는 뻘 속

$$N_2 \longrightarrow NH_3 \longrightarrow NO_3 \longrightarrow N_2$$

질소　　암모니아　　질산　　　질소

라는 폐쇄된 사이클이 완성되고, 호기성 생물은 물과 퇴적물
의 표면, 혐기성 생물(嫌氣性生物)은 뻘 속에 각각 보금자리를
얻어서 모두가 행복한 상태로 된다.

유기물의 호기성 분해가 순조롭게 작용하기 위해서는, 바다
에서는 유기탄소 106개, 질소 16개에 대해서 276개의 산소
원자가 필요하게 된다. 이 비율을 환산의 기준으로 하여 어느
양의 유기물이 완전히 분해하여 탄산가스와 물과 질산이 되기
위해서 필요한 산소의 양을 어림할 수 있다.

그런데 여기서 또 직관적인 기준을 설정해 보자. 통상 물고
기는 산소의 포화도(飽和度)가 50 % 이상인 물 속에서 살아
갈 수 있기 때문에, 바람직한 수계(水界)란 어느 곳의 해수도
50 % 이상의 포화도로 되어 있는 수계라고 하는 기준을 설정
한다면, 이것이 바람직한 수계의 최초의 조건이 된다.

❖ 실제의 바다

여기서 말한 기준을 실제의 바다에 적용하면 이야기가 약간
복잡해진다. 우선 만 안은 물의 교환속도나 산소의 공급속도

가 장소에 따라서 다르다. 또 유기물의 생산속도도 계절에 따라서 크게 달라진다. 그래서 만 전체를 생각하기란 매우 곤란하기 때문에, 대표점을 설정하는 방법을 생각해 본다. 이 대표점은 물의 교환이 나쁘고, 산소가 대기 속으로부터 확산하기 위해서는 중간정도로 깊고, 여름은 하천수의 공급 때문에 비중이 가벼운 물이 무거운 해수 위에 얹혀서 성층화(成層化)가 발달하는 장소를 생각할 수 있다.

이 대표점 밑바닥의 물에 용존산소가 1년 중 존재하며, 퇴적물 표면에 산화층이 생겨 있는 따위의 만은 호기적인 생물에게는 일단 바람직한 수계(水界)라고 할 수 있다. 이 경우 저층의 해수의 산소포화도가 50 % 이상이면 물고기도 행복하게 살 수 있다. 대부분의 부영양화(富榮養化)한 수계는 이 균형이 깨뜨려지고, 여름철의 바닥물은 혐기적으로 되어 산화층이 없어지기 때문에, 뻘로부터 여러 가지 환원물질(還元物質), 질소, 인 등이 녹아 나온다. 이 때문에 다시 분해하기 쉬운 조류(藻類)가 일시적으로 이상증식을 하여 적조문제가 발생하는 사태에 이르게 된다.

이같은 상태가 계속되면 만 바닥에는 부니(腐泥)가 고여서, 설사 일시적으로 질소나 인이 흘러 드는 것이 완전히 정지되었다고 하더라도, 바닥에 고인 불안정한 뻘로부터 영양물이 어떤 요란에 의해서 물 속으로 녹아 나가서, 오랜 기간 바람직하지 못한 수계가 계속되게 된다. 이같은 면에서 볼 때, 다음과 같은 해결책을 생각할 수 있다.

① 당연한 일이지만 질소나 인의 부가(付加)를 적게 할 것.
② 산소의 공급이 충분한 계열, 예컨대 여울이나 개펄을 만들어, 분해가 급격히 일어나기 어려운 고등식물을 키울 것. 여기는 질화(窒化)와 탈질(脫窒)이 진행하는 데에 가장 적합한 조건이 되기도 한다.

# 30. 바다의 자연을 지키자

'바다는 만인의 것이며, 해변에 나가 산책하고, 경치를 즐기며, 낚시질을 하고, 헤엄을 치며, 혹은 바닷물을 푸고, 유목 (流木)을 모으고, 조개를 잡고, 김을 뜯는 등 생활의 양식을 얻는 것은, 지역 주민이 지니는 법 이전의 권리였다.'

우리는 예로부터 바다에서 노닐고, 바다의 생물과 친숙하게 지내는 것을 생활의 일부로 삼고 있었다. 그러나 최근에는 해안선의 매립이나 공장의 건설 등으로 홀가분하게 해안으로 나갈 만한 곳이 갑자기 적어졌다. 특히 도쿄(東京)나 오사카(大阪) 등 대도시 주변에서는 바다로 가는 데도 자동차나 전차로 몇 시간씩 가야만 하게 되었다.

1981년 일본 환경청의 조사에 따르면 도쿄만의 미우라반도 (三浦半島)의 겐자키(劍崎)로부터 보소반도(房總半島)의 스자키(洲崎)까지의 775 km에 달하는 해안선 중에서, 사람의 손이 가해지지 않은 자연해안은 불과 10.9%에 지나지 않았다. 또 인공해안을 포함시켜도 시민이 자유로이 들어갈 수 있는 해안선은 33.3%뿐이고, 출입이 금지된 곳은 58.2%에 달하고 있다.

이들 숫치는 수도권으로부터 당일치기로는 돌아올 수 없는 관광지까지 포함한 계산이므로, 수도권 내의 요코하마(橫濱), 도쿄(東京), 지바(千葉) 근처에서는 거의 해안선으로는 들어갈 수 없게 되었다. 본토의 네 개 섬〔훗카이도(北海道), 혼슈(本州), 시코쿠(四國), 규슈(九州)〕 전체로는 출입금지인 곳이 6.5

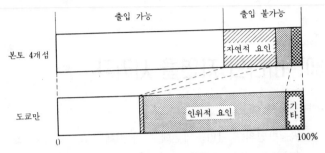

**그림 1**  해안에의 출입 가능성 [1981년도 일본의 환경백서에서]

%이므로, 도시 근교의 바다가 얼마나 시민들로부터  먼 것인가를 잘 알 수 있다(그림1).

제3권—25. '해안은 왜 필요한가'에서도 언급했지만, 일본의 해안선의 약 50%는 이미 인공적으로 개조되어 버렸다.  이같이 시민을 해안선으로부터 몰아 내거나, 자연해안이 없어지는 일이 최근에 급속히 진행되고 있다.  이것에 대해서 본래 해안선은 시민의 공유재산이며, 기업이 시민을 배제하고  독차지할 수는 없다고 하는 해안 출입권운동이나, 아름다운  자연해안과 귀중한 개펄의 매립에 반대하는 운동이 확산되고 있다.

그런데 미국이나 유럽 각국에서의 해안선의 보호나  시민의 출입에 대해서는 어떻게 되어 있을까? 스웨덴이나  서독에서는 설사 사유지를 통과해서라도 자유로이 출입할 수 있으며, 출입금지를 하려면 특별한 허가를 받아야만 한다.  프랑스에서는 바다와 접하는 사유지에도,  바다로 가는 보행자가 그  토지를 이용할 수 있는 지익권(地益權)이 입법화되어 있고, 중요한 해안의 매수가 행정이나 시민의 기부로써 추진되고 있으며, 제7차 계획에서는 2억프랑의 재정지출이 예정되고 있다.  미국에서는 한때 일부인에 의한 해안의 사유화가 문제가 되었는데, 지금은 해변의 보호와 해안에의 출입확보를 목표로  하는 연방법

(連邦法)이 있으며, 각 주마다 해안의 개발과  출입방해에 대해서 매우 엄격한 조건을 붙이고 있다.

한편 일본에서는 시민이 리크레이션으로 바다와  접할 권리가 법적으로는 아무 것도 인정되고 있지 않다. 또 해안의 매립에 대해서는 시장이나 도지사, 운수장관의 인가와  그 해안에서의 어업권의 소멸이 어업조합에 의해서 인정되면  실행할 수 있고, 그 매립지는 기업의 소유지가 된다. 따라서 해안에 인접하는 토지가 대규모로 매수되어, 해안을 매립하는 것이  바로 바다로부터의 시민의 배제와 연결되어 버린다.  그리하여 어민이나 시민이 없어진 해안은 개발의 난맥상과 오염수의 대량 배수로 무참하게 파괴되어 버렸다. 유감스럽게도 이것이  지금의 일본의 현상이다.

이것에 대해서 당연한 일이지만, 시민에게는 자유로이 해안선에 들어갈 수 있는 권리가 있다고 하는 주장이 일어났다.  이같은 움직임은 1969년의 와카야마시(和歌山市)의  해안매립의 반대나,  1973년의 후쿠오카현 부젠(福岡縣豊前)의 화력발전소 건설중지 소송으로 나타났고, 같은 해에 효고현 다카사고(兵庫縣高砂)에서 해변출입권을 주장하는 운동이 발족했다. 또 개펄이나 아름다운 해안선의 매립과 개발에 반대하는  시민운동이 일본 각지에서 번지고 있다.

해안의 파괴에 반대할 뿐 아니라 주변의 토지를 사들여 해안의 보호를 목표로 하는 운동도 추진되고 있다.  와카야마현 다나베시(和歌山縣田邊市)에서는 휴식장소로서 또  국민학교나 중학교의 산 과학교재를 제공해 주는 장소로서 시민에게  친숙한 덴진자키(天神崎)에서, 별장지 조성문제가 일어났다.  이것에 대해서 여기를 그대로 소중히 보전하려는 시민그룹은,  시민의 손으로 이 토지를 사들이는 운동을 1977년부터 시작하여  1984년의 봄에 목표인 4 ha 중 이미 1.5 ha 를 사들였다. 이 밖에도 일본 들새의 모임이라는 조직에서도 새의 보호구역을 만들기 위해서, 홋카이도(北海道)의 우토나이호를 사들이고, 같은 홋카이도의 시레토코(知床)시청에서도 시레토코의 자연을 보호하기 위한 한평(一坪) 운동을 추진하고 있다. 또 아름다운 자연경관이나 역사적으로 귀중한 유산을 사들이기 위해서 영국과 마찬가지로 일본의 국가적 신탁운동도 시작되고 있다.

이같이 아름다운 해안에서 휴식할 권리를 주장하며, 소중한 해안이나 자연을 보호하려는 운동이 시민운동을 중심으로 추진되고 있다. 그러나 국가나 많은 자치단체는 개발이나 매립을 지금까지와 같은 자세로 밀고 나가려 하여 종전의 방침을 바꾸려 하지 않고 있다.

해안은 풍요로운 수산자원의 보고(寶庫)이다. 일본의 문화나 시민생활의 많은 부분이 아름답고 생산력이 풍부한 해안의 자연과 결부되어 만들어졌다는 것을 생각한다면, 해안의 보전은 국가의 중심과제로서 다루어져야 할 문제이다. 아름다운 바다와 해안을 언제까지고 남겨 둠으로써, 거기서 시민이 휴식하고 어민이 생활할 수 있게 하기 위한 법률의 제정을 서둘러야 할 것이다.

# 「바다의 이야기」편집그룹 일람

〔編集委員〕

沖山　宗雄　도쿄(東京)大學 海洋研究所 助教授

小林　和男　東京大學 海洋研究所 教授

清水　　潮　東京大學 海洋研究所 助教授

寺本　俊彦　東京大學 海洋研究所 教授

根本　敬久　東京大學 海洋研究所 教授

和田英太郎　미쓰비시화성(三菱化成)生命科學研究所
　　　　　　生物地球化學・社會地球化學 研究室長

〔執 筆 者〕

太田　　秀　東京大學 海洋研究所

大竹　二雄　　上　　同

沖山　宗雄　　上　　同

加藤　史彦　水産廳 日本海區 水産研究所

川幡　穗高　工業技術院 地質調査所

小林　和男　　上　　同

清水　　潮　　上　　同

關　　邦博　海洋科學技術센터

平　　啓介　東京大學 海洋研究所

田中　武男　海洋科學技術센터

辻　　　堯　三菱化成 生命科學研究所

寺崎　　誠　東京大學 海洋研究所

寺本　俊彦　　上　　同

中井　俊介　　上　　同

西田　周平　　上　　同

根本　敬久　　上　　同

藤岡換太郎　　上　　同

古谷　　研　　上　　同

風呂田利夫　도호(東邦)大學 理學部

松生　　洽　東京水産大學 水産學部

松岡　玳良　日本栽培漁業協會

松本　英二　工業技術院 地質調査所

宮田　元靖　東京大學 理學部

和田英太郎　　上　　同

## 【옮긴이 소개】

### 이 광 우
서울대학교 농과대학 졸업, 미국 미네소타대학교. 대학원, 이학박사,
KAIST해양연구소 해양화학 연구실장
현재 : 한양대학교 이과대학 지구해양과학과 교수.

### 손 영 수
과학저술인. 한국과학저술인협회상,
서울특별시 문화상, 대한민국과학기술진흥상 등 수상.
역서 :『노벨상의 발상』등 다수.

### 김 용 억
부산수산대학 졸업, 이학박사. 일본 도쿄(東京)대학 해양연구소 연구원.
현재 : 부산수산대학교 증식학과 교수.

### 김 영 희
서울대학교 약학대학 졸업, 국립보건연구원, 국립과학수사연구소를
거쳐.
현재 : 해양경찰대학 오염관리관

## 바다의 세계 ⑤

| | | |
|---|---|---|
| 1989년 2월 5일 | 발행 |
| 1994년 10월 30일 | 2 쇄 |

옮긴이 　이광우·손영수·김용억·김영희

펴낸이 　손영일

펴낸곳 　전파과학사

서울시 서대문구 연희2동 92-18

TEL. 333-8877·8855

FAX. 334-8092　　　　1956. 7. 23. 등록 제10-89호

**공급처 : 한국출판 협동조합**

서울시 마포구 신수동 448-6

TEL. 716-5616~9

FAX. 716-2995

ISBN　89-7044-510-2　03470

# 도서목록

## BLUE BACKS

# 도서목록

## BLUE BACKS

# 도서목록

# 도서목록

## 자연과학시리즈

4차원의 세계

## 청소년 과학도서

위대한 발명·발견

## 바다의 세계 시리즈

바다의 세계 ①~⑤

## 교양과학도서

노벨상의 발상
노벨상의 빛과 그늘
21세기의 과학
천체사진 강좌
초전도 혁명
우주의 창조
뉴턴의 법칙에서 아인슈타인의 상대론까지
유전병은 숙명인가?
화학정보, 어떻게 찾을 것인가?
아인슈타인-생애·학문·사상
탐구활동을 통한-과학교수법
물리 이야기
과학사
자연철학 개론
신비스러운 분자
술과 건강
과학의 개척자들

이중나선
화학용어사전
과학과 사회
일본의 VTR산업 왜 세계를 제패했는가
화학의 역사
찰스 다윈의 비글호 항해기
괴델 불완전성 정리
알고 보면 재미나는 전기 자기학
금속이란 무엇인가
전파로 본 우주
생명과 장소
잘못 알기 쉬운 과학 개념
과학과 사회를 잇는 교육
수학 역사 퍼즐
물리 속의 물리
Morgan과 초파리
세계 중요 동식물 명감